鹿鸣心理

鹿鸣心理

西方心理学大师译丛

原始体验的边缘

THE PRIMITIVE EDGE OF EXPERIENCE

[美] 托马斯·H.奥格登　著

卢卫斌　龚利苹　译

THOMAS H. OGDEN

重庆大学出版社

谨以此书献给我的儿子Pete和Ben，我爱他们！

译者序

接到奥格登的这本书，到正式出版，一转眼已经将近四年了。

翻译奥格登大神的作品，既是一种荣幸，也是一个艰难而又充满煎熬的过程。

荣幸来自于能够跟大师的作品来一场深度的交流，完成不同语言之间的转换，让我们有机会更深入地去体会和理解一句表达所试图传递的真正的信息。而艰难则在于翻译的过程也是一个触及灵魂的过程。奥格登对于人类精神世界的原始边缘的探索，既把我们带入到了一个新鲜、神奇的世界里，同时也让人感到陌生和恐惧。

引用奥格登大神的话，"每一次开始阅读新篇章时，都要勇于面对因无知造成的不安感"。我们常常用开卷有益来合理化地安慰我们自己，让我们觉得读书是一件有收获的事情，但是事实上每一次阅读，学习新的经验，都意味着，我们原有的熟悉的经验模式的一次解体和重构。

精神分析著作，因为朝向意识之外的部分，和我们习惯化地锚定一个清晰的时间、空间、人物、需要、动机、行为等标识来进行逻辑思考不同。意识的边缘，我们无法觉察的部分，是一个言语难以触及的空间。

翻译的过程、理解奥格登的过程，也有很多次面对这种深度的经验。在本书一开始，奥格登就重新论述了抑郁态、偏执—分裂态和自闭—毗连态之间的辩证逻辑关系，让我们从熟悉的克莱因对于抑郁态和偏执分裂态的描述中经历了一次经验的解体。

奥格登试图通过清晰地描述在自闭—毗连态中，婴儿的原始经验在个人心智发展过程中扮演的角色，帮助我们理解：心智形成中，三个阶段如何互相支持、又互相否定地帮助我们成为今天的自己。

对自闭—毗连态的理解，是我们的经验进入到原始体验状态的又一次冲击。

奥格登区分了"自闭形状"的体验和"自闭客体"的体验。自闭形状是婴儿有"表面的温柔触摸的体验所产生的"。从某种意义上，这是一种感官的印象，并不涉及客体。就像臀部坐在椅子上的时候，臀部和椅子之间的压力带来的臀部形状的变化。对于婴儿来讲，"自闭形状"的产生，没有椅子，也没有臀部，只有臀部和椅子之间的姿态的变化，带来的形状的不同。"自闭客体"体验的产生则是另外一个客体被用力地压在婴儿皮肤上的感觉。

这两个词汇以及所代表的含义，无论在当时还是现在都给我们带来了巨大的冲击。要放弃自己熟悉的对于经验的理解，才能够回到那种原始的只是一些感觉器官的个体体验的状态里。

但是任何一个无知都意味着将为我们打开一个新的领域。每一次的混乱都在拓宽我们对人类经验的理解。阅读奥格登，会让我们有多次的机会打开新世界的大门。

理论本身的冲击，也为语言的转换增加了难度。常常为了去发现一个词汇，该怎么准确地表达，要无数次的和同行去交流，寻求支持和帮助。在此也非常感谢，那些被我打扰过的朋友和同行。

希望读者在阅读的时候，也能有机会体会这种被冲击的迷茫和发现新世界的幸福。

本书的翻译，是我和龚利苹女士共同完成的。我负责第一、二、七、八章的翻译，龚利苹女士负责第三、四、五、六章的翻译工作。期间得益于龚利苹女士优秀的英文能力，我自己在翻译的过程中，也得到了很多的帮助。

新手翻译，尽管已经尽心竭力，难免还是有很多错漏的地方。希望各位读到本书的读者不吝批评指正。

卢卫斌

2022.8.25

目　录

第 1 章

前　言

　　这本书的文字内容只是其要呈现内容的一部分，需要读者与作者的进一步解读，方能体现其真正价值。文字内容是静止的，表现出的只是其本身而非其他。而这本书潜在价值的发挥有赖于其在多大可能上帮助读者以一种新的、更多衍生的方式对其所呈现的内容（现在看到的只是它的一部分）进行理解。

　　作为分析者，我们试图帮助被分析者努力从各种形式的已有体验（他对自我的有意识和无意识"认知"）中解放出来，这些体验困扰他并阻止他以一种新的方式理解那些未知体验。发展一种新认知方式的价值不仅在于使个体获得更多的自我认知，更重要的是可能会产生更多的思想、情绪和感受。每一种新观念，无论多么有价值，都会立即成为阻抗的一部分，在这种阻抗中，新知识已被纳为原有认知的一部分，必须用一种新的认知过程方能理解。

　　无论是精神分析师之间的谈话，还是分析者与被分析者的对话，都应作为困惑和未知体验的载体。如果在分析过程中一切顺利，被分析者必然会抱怨自己现在比分析刚开始时理解得更少了（准确地说，在分析之初，他所理解的比他认为自己理解的更少，而他正在逐渐适应这种无知）。

　　读者就像被分析者一样，在每一次开始阅读新篇章时，都要勇于面对因无知造成的不安感。我们常常自我安慰地认为，在阅读过程中，我们不会失去任何东西，而只会从中受益。这种合理化的想法表面上缓解了我们在努力阅读的过程中暴露出的伤痛。为了阅读，我们需承受各种观念之间关系解体的不安感，而这些关系正是长期以来我们以某种特殊方式依赖着的：我们认为自己所知的东西帮助我们确认自己是谁（或者更准确地说，我们所以为的自己是谁）。

阅读一本精神分析著作是件特别艰难的事，因为读者选择了努力去学习大量的观点（和一个治疗过程），而这些观点的核心却是我们无法探知的：潜意识。从定义上来讲，潜意识是不可知的，一旦个体意识到某种思想、情绪、念头、感受或诸如此类的东西，那么它就不再属于潜意识经验的范畴。于是，精神分析师就很不幸地成了学习不可知知识的学生。我们坚持自己的意识形态、其开创者、分析界的名人以及我们的分析流派，所有这些都帮助我们避免意识到自己的困惑。

俄狄浦斯神话对精神分析中关于人类两难困境的论述有着重要意义，它围绕着知或不知哪个更好、被知或不被知哪个更好的问题纠缠不休。如果俄狄浦斯知道他在通往特尔斐城的路上与之搏斗的那个人是他的父亲，他会做出其他选择吗？这个问题当然是毫无意义的——因为不会有其他选择。人们不可能知道这些事，那些认为有可能会知道的想法只不过是自欺欺人罢了。俄狄浦斯在认识到其双重罪过的同时，也遭受了与之相应的结局与不幸。那么，如果不知道会不会有更好的结局呢？即使在认识到泰瑞西亚斯预言的真相后，俄狄浦斯知道了，但却不能忍受看见他所看到的。

无知使我们无法认识自我，但是知道又意味着看到我们无法承受的东西。被分析者在想知道和不想知道这两种愿望之间绝望地奔走。

同样，求知的需要引领着我们去阅读，同时潜意识的认知又阻止我们去阅读，因为潜意识认为我们要读的这本书（如果值得一读）会使我们认识到自己所了解的比我们认为自己了解的更少，会使我们感到对自我的认识比我们认为我们所认知的更少。

从更大范围上来讲，这本书论述的是人类原始体验的边缘，即"……意识的边界，在此之外意识犹存，但已无法用语言表达"（T.S.Eliot, 1950）。

可以说，英国客体关系理论过去二十年的发展史开启了人类对某一经验领域的探索，这一领域不止于克莱因（Klein）对偏执—分裂态和抑郁态的论述，费尔贝恩（Fairbairn）对潜意识内部客体关系世界的论述，比昂（Bion）对作为客体关系与交流形式的主观认同的论述，以及温尼科特（Winnicott）对早期母婴单元体的论述。我认为自闭—毗连态是最原始心理组织的一种产生方式，通过这一心理组织，自我体验的知觉（感觉）基础才得以形成。

自闭—毗连态被理解为一个感官主导的、前符号体验领域，在其中，意义的最原始状态产生于感官印象的结构基础之上，在最表层尤其如此。在这一心理范围内会产生某种特定的焦虑：预见到个体感官表层的界限可能解体的恐惧，同时伴有滑落进一个无尽、无形空间中的感觉。

在这本书中，我提出，人类体验是三种不同体验产生模式——抑郁模式、偏执—分裂模式、自闭—毗连模式之间辩证关系的产物。每种模式都在创造、维护、否定其他模式。就像意识不会独立于无意识之外一样，也没有哪种体验产生模式会独立于其他模式之外而存在。每种模式都是其他模式的对立统一面。

从这一角度来看,精神病理学可以被定义为这种辩证关系崩溃并倒塌向几种体验产生模式的某一方或另一方的产物。这一崩溃的结果可能是一个死板、象征性感觉图形的圈套(倒向自闭—毗连模式);或者是一个全能的内部客体的牢笼,在其中对待思想和感情就像对待物件和力量一样(倒向偏执—分裂模式);或者是一个将自我孤立于当下的生活经验和身体感觉之外的孤岛(倒向抑郁模式)。

基于以上观点,我总结出,我们需要进一步完善精神分裂症的概念。克莱因的偏执—分裂态或费尔贝恩的最原始心理结构代表内部客体世界的观念已不足以为理解精神分裂现象提供足够的支持。自闭—毗连态被称为精神分裂症人格结构的"软肋"或原始边缘。我认为精神分裂经验产生于这样一个经验区域,它处于焦灼的内部客体关系领域和强制性的、象征性的感觉图形领域之间。通过讨论对一个精神分裂症患者分析的某些方面,我试图说明分析理论和技术与自闭—毗连、偏执—分裂以及抑郁三种体验产生模式的互动机制共同作用的方式。

在第五章和第六章,本书的重点转移到对人类发展过程中向俄狄浦斯情结转变的研究。既然没有男女发展对称性的假设,那么对男女向俄狄浦斯情结转变的阐述将分别进行。

虽然从一开始俄狄浦斯情结就是精神分析大厦的基石,但是在向俄狄浦斯情结转变中起中介作用的心理—人际过程仍旧模糊不清。从某种程度上说,这反映了这样一个事实,即最近的分析理论仍旧没有成功地将前俄狄浦斯情结和俄狄浦斯情结的客体完全区分开来,而且尚缺乏能够说明内心范畴与人际范畴经验之间互动关系的分析理论。

过渡性俄狄浦斯关系被认为是理解心理—人际过程的一种方式,

这一心理—人际过程在女性进入俄狄浦斯情结时起中介作用。与其他过渡性现象类似，这种过渡性关系起到这种作用：允许在同时体验为我和非我的形式下发现他者。在这样的背景下，过渡性关系成为俄狄浦斯情结中母女的关系的起点。小女孩爱上了她的母亲，而在潜意识中她的母亲（内部客体）等同于她的父亲。而小女孩到底爱上的是父亲还是母亲（爱上一个内部客体还是外部客体）的问题从来没有真正地显现。

通过这种过渡性关系，小女孩在前俄狄浦斯情结中，在与母亲的双向关系安全的背景下，她不受伤害地发现了恋父（和恋母）的外在。结果，自相矛盾的是，第一段异性之爱发生在两个女性关系的背景中，最初的三角客体关系发生在双向关系中。

理解俄狄浦斯情结的转换在男性发展中的特殊作用是有必要的，但是不能用同样的方式去理解女性俄狄浦斯情结。过渡性男性俄狄浦斯情结和过渡性女性俄狄浦斯情结不同，对于男性，不存在客体转换。也就是说，对于男孩来说，母亲既是附着于全能内部客体之上的前恋母情结的客体，同时也是对所有外部客体欲望的俄狄浦斯情结的客体。

我将这种朝向俄狄浦斯情结的三角客体关系的心理—人际活动视为通过对男性发展作用独特的、与母亲的过渡性俄狄浦斯关系有关的、原始情景幻想的成熟形式的细化而为男孩做出的协调。在男性发展的过渡性俄狄浦斯关系中，母亲既是（内部客体）母亲，也是（外部客体）父亲（小男孩通过他获得阳具力量）。现实中的父亲则仅仅是次要的阳具载体。

　　然后，第七章我会转向对早期体验的不同方向的讨论（对另一种早期体验的讨论）：在分析的初期（分析体验的初始），分析者必须允许自己对本人认为非常正常的想法和现象保持好奇。在这章里，我试着像第一次那样再次接近初始分析性会谈。

　　在这个讨论里，我认为第一次面对面的会谈，不仅是为分析做准备，而且也是分析实践的开始。我的观点是，在初始会谈里，分析师要倾听病人的"警世故事"，也就是说，要倾听病人潜意识中对分析师和自己发出的与他认为关于分析是危险的和注定要失败的行为的信号。无论病人的心理困难的本质如何，他的潜意识焦虑会根据他体验到的与分析开始的预期有关的危险而被赋予一种形式。分析师努力去理解这些焦虑的移情本质并帮助被分析者用语言表达这些恐惧。

　　在最后一章，我会讨论一种特殊的原始焦虑形式：潜意识中对不知的恐惧。个体所不能知道的是他自己的感受——也因此无法真正了解自己。与这种不知有关的恐惧通过使用为个体创造知道和存在错觉的替代形式（错命名和错认）而得以逃避。对替代品的防御性依赖，进一步离间了个体与他自己，并填充了产生个人意义和欲望的潜在空间。

　　这种对不知的恐惧，不仅仅局限在一小部分的述情障碍或者精神分裂症病人当中。这是个普遍现象，一个从某种程度上说我们总是遇到的现象，例如我们每次都要冒险开始新学习的体验。

第 2 章

体验的结构

有所作为的是另一个人，是博尔赫斯……我通过邮件知道博尔赫斯的存在……说我俩不共戴天，未免言过其实：我活着让生命继续，这样博尔赫斯就能致力于文学创作，而那文学又证明了我活着的意义。

—— 博尔赫斯，《博尔赫斯和我》

　　博尔赫斯的散文诗《博尔赫斯和我》精确地对体验整体这一错觉的各个组成部分进行了分解。而我将用一种较为笨拙的方式呈现一个精神分析的框架，并在此框架基础上思考人类体验产生之辩证过程的各个组成部分。在本章中，我将论证人类体验的结构来自以下三种不同体验产生模式之间的辩证关系：抑郁模式、偏执—分裂模式、自闭—毗连模式。前两种模式的概念来自梅兰妮·克莱因[1]，第三种模式是我综合、提炼、扩展了弗朗西斯·塔斯廷（Frances Tustin）、以斯帖·比克（Esther Bick）和唐纳德·梅尔泽（Donald Meltzer）的观点后提出的。每一种体验产生模式都有其自身的象征符号、防御方法、客体关系品质以及主体性程度。这三种模式彼此之间都是矛盾统一的关系，每一种都创造、维

1　虽然我并不是克莱因学派，但是我发现，很多克莱因的观点——当被独立于她的发展时间表之外来看时，如她的死本能的概念、她的技术理论——对精神分析思想的发展至关重要。她对精神分析理论最重要的两个贡献是偏执—分裂和抑郁态的概念。但是，二者没有任何一个被纳入美国精神分析对话的主要体系中。

持并否定其他的模式。认为单独某一种模式可以脱离其他两种模式独自运作的观点就像意识的概念脱离潜意识概念一样，是毫无意义的。每一种都是一个空的集合，被矛盾的另一方或多方所填充。

我将分别对三种体验产生模式进行描述，并特别提到一些案例的分析经验。我想表明的是，每一种心理活动都是由多种因素决定的，不仅与无意识内容的层面有关，还与产生含有精神内容的心理模型的体验模式有关。我们将从体验产生模式之间辩证关系性质改变的角度来讨论心理变化（"结构变化"）。

矛盾的是，在本章中，为清晰起见，会将一些同时发生的体验要素顺序呈现。就像一个新手魔术师在进行初次表演时需要观众耐心以待一样，在我开始本章时，也请求读者予以包容。最终，读者也会成为掌控构成人类体验的多种模式之生命力的魔术师。

抑郁模式中的体验

抑郁态的概念由梅兰妮·克莱因（1935,1948,1958）提出，指的是心理结构的最成熟形式。虽然这一心理结构的发展贯穿终身，但克莱因认为它起源于人生第一年的第二季（4—6 个月）[1]。比昂（Bion，1962）对这一概念进行了修正，认为它强调的不是其在发展序列中的位置，而是在与偏执—分裂态的互动关系中的位置。这也是我对体验产生模式的认识。每种模式中的体验都相互依存，互为背景。

在抑郁态中，被称为"正确的象征形式"（symbol formation proper）（Segal，1957）的象征模式指的是，符号在其中再次呈现被象征物，但在体验上却与之不同。象征意义产生于在符号与其所代表的东西之间起协调作用的主题。可以说，正是在符号与其象征物之间产生了解释性的主题。同样，也可以说，无论多么细小和不引人注意，正是主观能力，即"我"的经验的发展，才使得个体有可能在象征符号和被象征物之间进行协调。两种说法都对。每一个都构成了另一方的必要条件，既不是"导致"，也不是顺序性地"引起"另一方的发生。

正确象征符号的形成使得个体能够想自己所想，感受自己所感受。通过这种方式，思想和情感可以在更大程度上被作为能够理解（解释）的个人创造来体验。不管怎样，个体产生了与其心理活动（思想、情感和行为）相应的感受。

在个体开始能够将自己作为一个主体进行体验的同时，也能够（通过投射和认同）将自己当作"客体"来体验。亦即是说，就像将

1　我们会看到，当她所说的"态"（position）不是被看作发展阶段而是经验的共时维度时，对克莱因的发展时间表的讨论就失去了其绝大部分意义。

自己当作一个有独立思想和感情的人来感受一样，个体也将他人看作有生命、能思考和感受的人。这是一个客体关系的世界，在其中，随着时间流逝，人们或多或少以相同的状态存在，与那些尽管遭遇重大事件与影响，但无甚变化的人发生着联系。新的经验叠加到旧的上面，但新经验并未消融或否定过去。在爱与恨的情感状态下对自体和他人经验的连续性，是矛盾心理能力发展的背景。

当个体放弃自己依赖于全能的防御措施时，抑郁模式的历史感就产生了。在偏执—分裂模式中，当个体对客体感到失望或愤怒时，此客体在体验上就不再是之前那个客体，而是一个新的客体了。对自体或客体经验的不连贯性妨碍了历史感的产生。取而代之的是一种持续性的、防御性的对过去的重组。在抑郁模式中，人们根植于其在对过去的理解基础上创造出的历史中，虽然个体对过去的理解是不断进化的（因此历史也是不断进化和变化的），过去却被认为是一成不变的。这一认识不免令人悲伤，因为一个人的过去永远都不可能如人所愿。同时，这种对时间的根植也使得个体对自体的经验深刻且稳定。个体与其通过理解所创造的历史之间的关系是主观性的一个重要维度，没有它，个体对于"我"的体验就是武断、不稳定且不真实的。

把他人体验为主体而不是简单地作为客体，就不能简单地像为一件有价值的东西甚或诸如食物和空气这样的基本物质定价一样对他们进行评价。物体可能被损坏或被耗尽，只有主体才会被伤害。因此，只有在主观他人（subject others）体验的背景下，内疚感才会成为一种可能的人类体验。如果没有将他人作为主体进行关注的能力，内疚感将毫无意义。内疚感是一种特殊的痛苦，个体由于对自己所关爱的人造成了现实的或想象的伤害而持续不断地承受着这种痛苦。人们可能会为自己所内疚的事做出弥补，但这并不能消弭其所作所为。个体所有能做的只不过是在以后与他人或自己的关系中对自己曾经的行为进行弥补。既然他人被体验为主体，人们就可以像理解自己的情感一样理解他们的，那么在这种体验模式下，移情就成为一种可能。

一旦他人不但被体验为客体，也被体验为主体，那么人们就承认了其全能领域之外的他人的生活。在个体矛盾地爱着却又不能完全控制的主体的世界中，一个明显的新的焦虑形态（在更原始的体验模式中不可能）产生了：对因为自己的愤怒赶走或伤害了所爱之人的焦虑。悲哀、思念某人的体验、孤独以及哀悼的能力，都成为作为前面所述抑郁模式体验的各种特征相互作用结果的人类经验的各方面。就如我们将要讨论的，在偏执—分裂模式中，对失去客体的神奇恢复会使这些体验短路。当可以利用万能的思考和否定将缺失消弭时，对失去客体的思念和哀悼就不再必要，或完全没有可能。

抑郁模式的移情有其独有的特征。在偏执—分裂模式中，移情基于一种愿望和信念，即个体在当前的关系中于感情上重新创造了一种早期的客体关系；在抑郁模式中，移情代表了个体在潜意识中企图在当前关系中重新找回其与早期客体之间的某些经验。后面这一移情形式根植于这样一种悲伤的背景：与之前客体的关系已成为过去的一部分，永远无法再次拥有。同时，在抑郁模式中，并不会完全失去过去，人们可以在与新客体的关系中重复先前客体体验的某些内容（Ogden,1986）。这样，例如在正常环境下，就使得恋母情结有可能减弱。比如前面提到的那个女孩，在最终接受她不能拥有在潜意识中期望的与父亲之间的浪漫的两性关系的事实时会体验到悲哀。这种放弃在某种程度上是可以忍受的，因为与父亲之间的体验会一直保持，并在与新客体的关系中发生移情，从而形成她成人后恋爱关系的重要核心（参见，Loewald,1979; 又见第五章）。

前面所述的产生体验的抑郁模式构成了只存在于其与偏执—分裂模式和自闭—毗连模式之间的辩证关系中的一极。在抑郁模式从未实现过的理想中，解释性主体之间会进行分析性谈话，每一方都试图利用语言在自己和本人对他人的体验之间进行协调。

主体间的这种谈话经常被那些让主体觉得过于恐惧和不能接受的潜意识思想和情感所阻碍。我在这里所指的不仅是令人恐惧和不能接受的性的和侵略性的意愿，而且也指其他种类的恐惧，如潜意识的焦虑——那方面的自己如此隐私，对生存的危机感如此重要，以至于交流这一行为本身也将会危及自我的完整性。另一种破坏主体间交流的焦虑形式是担心在交流中为与他人分享自己内部客体的知识而放弃了对其进行控制，从而使这种交流危害个体与内部客体之间维持生命的纽带（Ogden，1983）。

分析者和被分析者都试图去理解构成在某一特定时刻对主体间交流所具有的破坏力的主要来源的"焦虑的前缘"（leading edge of anxiety）。在抑郁模式中，那种焦虑一直都是与客体相关的，因为感到恐惧、内疚、羞耻等类似感受的潜意识原因与多因素决定的、包含内部与外部客体的潜意识幻想（phantasies）[1]有关。这些潜意识的客体相关想象的衍生物构成了分析的移情—反移情体验。

　　除非拥有对患者自身感情色彩的认知，并予以回应，否则分析者根本无法理解患者。在这些认知和回应中，只有一小部分是有意识的，也正因为此，分析师才急需学习察觉、阅读自身正在转变的潜意识状态，并在分析性谈话中显现出来时使用它。例如，在分析之初，M 先生的谈话表现出其对妻子显著而强烈的爱和忠诚，以及这些在他们性生活中的体现。我并无有意识的理由去怀疑他的忠诚，然而，我注意到自己的一个闪念，它在我清醒时退去，就像梦一样短暂。我有意识地尝试那压抑的力量，努力想再次抓住它。那种我被压抑住的想法掺杂着几分作为面对被分析者的分析师而使内在隐私受到保护的自以为是的欢欣。在这种特殊的关系中，我感到安全，因为只有病人的"脏衣服""被晾了出来"。于是，我的思考转移至这样一个问题：在那一刻，我对"脏衣服"某种程度的怀疑让我误以为在那一刻是自由的？

　　这些问题有助于提醒我认识到一种可能性，即在那时，病人在否认与其所讨论问题相关的焦虑。随着与 M 先生现实谈话的继续，当谈论前一晚上的性生活时，他巧妙地暗示了他对妻子性器官的恐惧感。他说，自己非常喜欢在"绝对的黑暗"中做爱，并且顺带提

1　幻想是一种带有意识和动态的无意识维度的心理活动。在本书中，我使用拼写有"ph"的单词"phantasy"标示这一心理活动的潜意识维度。"fantasy"的拼写中带有一个"f"用来指这一心理活动偏意识的层面，比如白日梦、有意识的童年期性幻想，以及有意识的手淫体验（参见，Isaacs, 1952）。

到他事后清洗了自己的生殖器。

这种对个体将彼此作为主体来感受的无意识过程的主体间共鸣的应用是抑郁模式中典型的潜意识—前意识水平的移情。这一过程可被看作包含了下面几个方面：分析师自己的潜意识体验在病人对自己的潜意识体验及自身内部客体上的投射，分析师潜意识中对病人对他的潜意识体验和他的内部客体的认同，以及病人和分析师之间对潜意识中主体间第三者［"他者"（the other）（Lacan，1953）］的创造。无论如何描述，它都是这样一个过程，在其中，分析师将自身象征意义的潜意识联系作用于患者，这样，以一种不那么强烈、不那么冲突、压抑感不那么强，或不那么分裂的方式，试图去体会与患者的潜意识体验类似的东西。

在描述完体验的抑郁模式的概念之后，我们有必要重申，其实并没有这样的单独分支存在。人类体验的每一方面都是抑郁、偏执—分裂和自闭—毗连三种模式互动构成的矛盾统一结果。就像我们之后要讨论的，即使是由于主体欲望冲突造成的症状（例如恋母情结的欲望、恐惧和忠诚间的冲突），也只是构成了抑郁模式的一部分。在这方面，我将会描述体验的辩证关系的另外两极的特征。并且，秉着清晰阐述的宗旨，在写作时，我会将每一个模式与其他模式分开，作为一个独立体单独论述。

偏执—分裂模式的体验

　　偏执—分裂态是梅兰妮·克莱因（1946，1952a，1957，1958）提出的在抑郁态之前的心理结构形式。克莱因（1948）假设偏执—分裂态起源于生命第一年的头 3 个月。本章的重点将再一次地由克莱因的一系列结构或发展阶段的历时性概念转移至对几种共时性模式的辩证互动的思考。

　　产生体验的偏执—分裂模式主要建立在将分裂作为一种防御和一种组织体验的方式的基础之上。相对于抑郁模式在体验——包括心理痛苦——的容纳中占优势，偏执—分裂模式则更为均衡地分布于应对心理痛苦的努力和通过自卫性地运用全能的思考、否认以及体验的中断来缓解这种痛苦的努力中。

　　在偏执—分裂模式中，对同一客体的爱与恨的体验会产生令人难以忍受的焦虑，这构成了需要应对的主要心理困境。处理这一问题，很大一部分要通过将自身的爱与恨与客体的爱与恨分开。只有通过这种方式，个体才能以一种未受污染的安全状态安全地爱客体，以及没有伤害其所爱客体的恐惧而安全地去恨。

分裂防御性地使得某种情感（emotional valence）[1]的客体相关体验（如爱的自体与爱的客体之间的关系）与其他情感（other valences）的客体相关体验（如恨的自体与恨的客体之间的关系）具有不连贯性。当一个好客体令人失望之时，它就不再是一个好客体——甚至不是一个令人失望的好客体——而是伪装成一个好客体的坏客体。这时，出现的不是心理矛盾的体验，而是揭示真相的体验。这导致对历史的频繁重写，以至于在创造一个只是表面上与抑郁模式所体验到的时间类似的永恒的当下时，用当前的客体体验占据了整个自我。

体验不连续性（分裂）的防御性常见于对边缘障碍和精神分裂症病人的治疗中。当病人感到失望、受伤、愤怒、嫉妒等情绪时，他认为他非常清楚地看到自己被分析师欺骗了。而且他最终发觉了事实如其所示和向来所示的真相："事实上，我对你存有疑虑很久了。现在，很显然你根本不看重我，否则你就不会忘记那些关于我的重要事情，比如我上千次提到过的我女朋友的名字。"

重写历史导致处于持续逆转状态的客体关系的脆弱性和不稳定性。患者—分析师的历史关系中没有能够形成一个承载现有体验的框架和容器的稳定的、共享的历史体验。在这种体验模式中，有一种几乎是焦虑的永恒背景，它源于个体在面对不可预知的陌生人时，潜意识地感到自己永远处于未知领域中。分析理论无须要求用死本能的概念去解释发生于如此脆弱的心理体验容器中的焦虑。

---

1 valence，在此所表示的意思是与某种刺激有关的情感强度，因此直接将emotional valence译为情感。——译者注

在偏执—分裂模式中，象征与被象征物之间几乎没有距离，二者在情感上是等同的。这种被称为"象征等同"（symbolic equation）（Segal，1957）的象征模式，产生了一种二维的体验形式，在其中，任何事物都是它自己本身。在认识对象（不管是外部的还是内部的）与对被理解对象的想法和感受之间几乎没有解释性主体从中协调。偏执—分裂模式主导的病人可能会说："你不能跟我说我看不到自己看到的。"在这种模式中，思想和感受不再被体验为个人的产物，而是事实——存在于他们自己身上的东西，只是简单地存在。知觉和理解被体验为同一件事。由于表面和深层难以区分，患者被意义的表现方式所困扰。那些从抑郁模式角度认为是解释的，在偏执—分裂模式中会被体验为试图通过"心理学的胡说八道""扭曲事实"、转移话题、欺骗和迷惑他人。

移情在偏执—分裂模式中被称为"妄想性的"（Little，1958）或"精神病性的"（Searles，1963）移情。分析师不是被体验为"类似于"原始的童年客体，他"就是"那个原始客体。比如，一位治疗师在治疗时间问了一些有关病人 A 所抱怨的躯体症状的细节问题，病人将此体验为治疗师的一种焦虑的、侵犯性的过度反应。这使得病人的体验为：治疗师变成了她母亲（不只是像她母亲）。这个病人第二天咨询了她的内科医生，医生后来有些困惑地给治疗师打电话说，A 这样介绍她自己："我是 A 的母亲，我很担心 A 的病情，想问您一些有关的问题。"通过这种方式，病人变成了她的"治疗师母亲"，并表演了"治疗师母亲"的过度焦虑和侵犯。

当缺乏在自我和其体验之间进行协调的能力时，会产生一种极端的主观形式。在偏执—分裂模式中，自我主要是一个像客体一样的自我，一个被思想、感受打击的客体，并且被理解为像外部力量或物质客体一样占据或轰炸自己。一个患有青春期精神分裂症的病人会剧烈地转头以"甩掉"（去除）一个正在折磨他的想法。另外一个精神分裂症的患者要求拍 X 光片，以便能看到是什么东西在他体内让他发疯。还有一个病人在每次会见之前都会在治疗师的候诊室的卫生间"拉一大坨大便"，以防止在会见期间他的有毒内容物会伤害到治疗师。

在治疗以偏执—分裂模式产生体验的主导方式的病人时，分析师必须用反映病人体验具体内容的语言谨慎切入，否则，病人和分析师就会有一种——用这种病人的话说——"完全错过彼此"的谈话体验。他不讨论病人认为自己像一个机器人的感受，他与病人讨论感觉什么地方像机器人；他不与病人谈论迷恋一名女子的感觉，而与之谈论当其认为自己被一名女子占有和纠缠时是什么感觉；他不谈论病人想被治疗师理解的愿望，而是谈论病人确信治疗师——如果他对病人有那么一点用的话——一定会想病人所想，感病人所感。

偏执—分裂模式的心理防御很大一部分基于这样一个原则——通过将受害者和危险源分开以保护其安全（参见，Grotstein，1985）。这表现了分裂的心理学意义。偏执—分裂模式的所有防御都源于这一原则。例如，投射就是这样的一种努力，它在将自体或客体的受害者（或危险源）方面保持在内部的同时，又将自体或客体的危险源（或受害者）方面置于外部。这种体验产生模式的其他防御方式——内射、投射性认同、否认和理想化——可以看作这个原则的变化形式。

　　偏执—分裂模式以全能的思考为特征，通过它，复杂的爱与恨的情感神奇地被"解决了"，或者更准确地说，从心理现实中被排除了。在这种模式中，内疚感（就如存在于抑郁模式中一样）几乎不会出现。在这种更为原始的模式之感情词典中，它根本没有容身之地。既然个体的客体，就像他自身一样，在这种模式中被理解为客体而非主体，那么个体就不能关注或关心他们[1]。既然个体的客体不是被体验为有思想、有感情的人，而是侵犯自己的，被爱着、恨着、害怕着的力量或事物，那么就几乎没有什么需要移情的。其他人可能会因为其为个体所做的事情而被赋予价值，但是个体不会关心他们——就像个体不会关心自己的财产一样，即便是他们最重要的财产也不会。就如之前描述过的那样，一个客体可能被损坏或耗尽，但只有主体才可能被伤害或损伤。

　　在偏执—分裂模式中，那些可能会变成内疚感的东西，会通过如使用全能的修复性幻想而得以消弭。通过运用从历史中抹去个体曾经做出的伤害这种补救方式，而否认了对客体的伤害。历史被重写，也不再需要内疚感。例如，一个主要以偏执—分裂模式运作的病人常常会在对妻子说过令人难以承受的话之后，笑着说自己只是在开玩笑。他会说："你知道，我只是在开玩笑。"他觉得通过魔术般地将攻击转变为某种幽默（通过为其重命名），已经弥补了伤害。

1　因为偏执—分裂模式从不脱离抑郁模式（和自闭—毗连模式）而单独存在，自体即客体的概念（彻底脱离了作为主体的自体的体验）在现象学上是毫无意义的。鉴于体验的辩证性结构，自体体验永远都不能完全缺少"我"（I-ness）的感觉，而且人们的客体永远都不仅仅完全是客体而无主观性。

当其妻子拒绝参与这种对历史魔术般的重写时，病人会逐渐增加为获得愉悦付出的努力，并开始待之以羞辱，指责她像个孩子一样"玩不起"。

这种为逃避抑郁焦虑（源于个体破坏后的内疚感和对失去客体的恐惧）而使用偏执—分裂防御（魔术般的修复、否认和重写历史）的努力构成了躁狂症的防御。罗耶瓦尔德（Loewald，1979）也曾描述过这种方式，通过这种方式，自我惩罚同样（类似地）被用于驱除那些可能会成为内疚感的感受。如此一来，个体就利用全能的自我惩罚幻想在过去和当下根除了其罪行，因此就没有理由感到内疚了。

同样地，在偏执—分裂模式中，人们是不会想念丢失或缺少的客体的，而是会否认丢失、切断悲伤的感受，并用其他人或自己来替代这一客体（人）。既然新的人或自体方面从感情上来讲与失去的客体等同，那么就没有发生损失，也没有必要对仍旧存在的东西进行哀悼（参见，Searles,1982）。例如，一个病人抱怨说，我的假期看来对他是"塞翁失马"，因为他从中认识到他并非如我让他相信的那样依赖我。在这一案例中，自体的一方面被神奇地用来替代了缺失的客体。在对这位病人进行治疗时，我的每一次缺席都会被继之以各种形式的躁狂或防御，比如威胁要破坏治疗（他"不再需要"），或者勉强同意继续分析，"如果那是你认为最好的办法的话"。

偏执—分裂模式中的客体关系在投射性认同中占主要地位（Grostein，1981；Klein，1946；Ogden，1979，1982b）。这一心理—

人际间过程反映了迄今为止讨论过的偏执—分裂模式的其他许多方面。它基于这样一种幻想（phantasy）：可以通过从内部控制"接受者"的方式将自体的某一方面（既不受危害，也非危险源）放进另外一个人内（Klein，1955）。通过这种方式，个体保卫了自体被危害的方面，同时试图通过将客体作为不完全独立的自身容器而完全控制某种客体关系。投射性认同过程的这一方面包含了一种对心理紧张的消弭办法。

在投射性认同中，投射者——通过与"接受者"之间现实的人际互动——潜意识地在"接受者"身上诱发与其"投射出的"感受一致的情感状态。除为防御服务的目的之外，这还构成了交流和与客体关联的基本形式。投射性认同的接受者有时可能会怀旧性地意识到他正"在其他人的幻想中……起作用"（Bion，1959a, p.149）。投射性认同是一种"直接的交流"（Winnicott，1971c，p.54），因为没有解释性的主体从中协调。相反，它主要是一个人的潜意识与他人的潜意识之间的交流。因此，接受者常常将其体验为强制性的。这是毫无选择的：个体不仅发现自己在某人的内心世界中扮演着某种角色，而且还感到无法制止。接受者感到自己被从内部控制了。如果他能控制这种诱导型的感受，而不仅仅是将其推回至投射者，投射者和接受者之间的关系就会发生转变，从而产生心理上的成长。接受者的投射性认同"过程"不仅仅是将修改后的心理内容返还给投射者，而是改变由互动双方产生的主体间包含模式，由此产生一种体验旧心理内容的新方式。被修改的并非心理内容，而是这些内容的主体间环境。

　　这一心理转变的概念不只限于对投射性认同的理解。我们在本部分所讨论的是包括分析过程中所发生的所有心理成长在内的基本原则。心理成长的发生不仅仅是潜意识心理内容被修改的结果。此外，发生改变的是体验背景（心理内容的容器的性质）。潜意识的幻想不受时间影响且永不能被摧毁（Freud，1911a）。也正是因此，讨论根除潜意识幻想是一种误导，因为这意味着旧的幻想被摧毁或被新的取代了。被摧毁或被代替的不是潜意识幻想，而是其所在的心理模型发生了改变，而对幻想的体验不同了而已。

　　当精神分裂症病人被问及引起幻觉的声音是否还在时，那种在心理成长中不但内容而且背景也发生转变的观点被巧妙地表达了出来。他回答："噢，是的，它们还在，只不过不再说话罢了。"同样，在分析过程中，个体不会摧毁构成恋母情结的想法和感受（Loewald，1979），而是对构成客体相关体验的各组成部分进行不同的体验。一个病人K先生说，在为时四年的分析过程中，有时点滴地感到"在与女教师相处时，如果我允许自己将其体验为（像我过去常做的那样）担心会对其产生性感受和性幻想的妈妈，我仍然会觉得自己将变得非常焦虑。但是，现在在这种事上，我有了其他选择，我认识到自己是如此与众不同（比父亲和兄弟们都要特别），能够使妈妈不再是妈妈，而开始做我的妻子时，会感到一些愉悦和兴奋"。这位病人获得的不仅仅是一种潜意识幻想上的改变。恋母情结并未被摧毁或"克服"，而是其恋母的愿望和恐惧体验的心理背景经历了改变。以前，那些潜意识的恋母欲望和禁令被赋予了具体性和即时性的特征。K先生最初说他不知道为什么自己和女教师说话时会有"焦虑发作"。"这种事只在我身上发生，而且毫无来由。我知道并没有真正的危险。那种焦虑就像电流一样窜遍我全身。"结果，这位病人养成了强迫学习的习惯，以努力成为一名完美的学生。即便他以一种自认为"破釜沉舟"的方式备考，但在考前还是极度焦虑。

恋母情结的感受和幻想向来部分地产生于抑郁模式。如果不再是那个憎恨并因此想永远摆脱同时又爱着父亲——的主体（比如那个男孩）的问题，恋母情结的两难处境将不再有力和强烈。换句话说，它是一个根植于主体性、纯粹的客体关系、矛盾心理和历史性中的两难处境。然而，这种潜意识冲突及其最终症状（比如焦虑发作）的重要方面却主要是在偏执—分裂模式中得以体验。比如说，K 先生最初并非将其焦虑发作体验为自己的感受和危险想法的形式或对它们的反应，而是一种将那些令他害怕的东西从身上擦除的力量。病人的女教师在其潜意识中不只"像"他的母亲，而是和他的母亲"一样"。否则，乱伦威胁的全部威力不会以如此具体的方式表现出来（这一分析阶段中，梦的材料包括老妇人身份令人恐惧的反复转变，这之于 K 先生会导致这样一种感觉，即"不知道谁是谁"）。病人显然并不是精神病，但是对女教师的移情体验同时发生于偏执—分裂模式和抑郁模式中，同时，二者的辩证互动关系在焦虑发作的过程中有朝着偏执—分裂模式的方向瓦解的趋势（Ogden，1985b）。在他的焦虑发作中，只有微乎其微的主体在病人及发生在他身上的可怕事情之间进行协调。

从这一视角来看，精神分析作为一种治疗方法，不仅是用来帮助病人改变潜意识幻想的内容，也是一种帮助病人以不同方式体验潜意识幻想内容的过程。就是说，精神分析是一个旨在帮助病人改变与特定潜意识内容有关的不同体验产生模式之间辩证互动平衡性的过程。在分析中必定要发生的不是心理内容从一种模式到另一种模式的简单转变。我所理解的治疗过程包括不同体验模式间辩证关系的确立、再确立或扩展。

在结束本部分之前，我想简评一下分析专家——包括克莱因本人——的一种倾向，即限定抑郁模式的价值，把偏执—分裂模式置于反派的地位。就像艾根（Eigen，1985）曾指出的那样，抑郁模式过多地被看作对人类潜能的全部认识。在抑郁模式中，人们以为，个体发展出的抽象的象征、主观性和自我反思、对他人的关注、内疚感以及弥补的愿望，所有这些造就了文化产物。另一方面，偏执—分裂模式被理解为产生了这样一种心理状态——个体依赖分裂和投射性认同以达到发泄感情和否认现实的目的。但是，对这些模式的此种描述是基于二者关系的历时性定义之上，而未能考虑到其关系上基本的辩证性。偏执—分裂模式和抑郁模式二者互为彼此的对立统一背景。抑郁模式是整体、解决方案和内容之一，如不受反对，会导向确定、停止、关闭、自大和死亡（Bion，1962，1963；Eigen，1985）。偏执—分裂模式为抑郁态的连接提供必要的分裂，并打开关闭的大门，从而重建产生新连接和新思想的可能性。抑郁模式的综合推理在限制因思想破裂、体验中断以及自我和客体分裂而产生的混乱方面继而为偏执—分裂模式提供对照面。

产生体验的自闭—毗连模式

　　迄今为止，我们所讨论的偏执—分裂模式和抑郁模式的概念主要来自克莱因和比昂的观点。体验的辩证关系完全是由这两种模式组成的观点是不正确的，因为在它范围内并不能识别一种更加原始的、前象征性的、感官主导的模式，我们称其为自闭—毗连模式。体验辩证关系的自闭—毗连极概念代表了对比克（Bick，1968，1986）、梅尔泽（Meltzer，1975，1986; Meltzer et al., 1975）和塔斯廷（Tustin，1972，1980，1981，1984，1986）观点的综合、解读和扩展。这些作者中的每一个都被比昂（Bion，1962，1963）的容纳者和被容纳者的概念以及他的思考理论深深影响。在本章中，由于篇幅有限，仅对这种体验模式进行简单介绍（在第三章，将会对自闭—毗连态的概念进行详细论述）。

　　自闭—毗连态是一种原始的心理组织，自出生时就开始起作用，产生了人类体验的绝大部分基本形式[1]。它是一种感官主导的模式，

1　自闭—毗连态在本书中并非被定义为一种前心理（生物学）的发展阶段——婴儿处于一个与外部客体的动态联系相隔绝的世界——而是被设想为这样一种心理组织形式：当面对感知到的危险时，产生体验的感官模式会被组织成防御过程。在极端的、迁延的焦虑环境下，这些防御就会膨胀和僵化，逐渐形成一种病理性自闭的心理结构。正常的自闭—毗连模式仅产生于与作为环境的和客体的母亲之间展开的关系之内。

在其中，最早的自我感觉建立于感觉节律的基础之上（Tustin，1984），尤其是最表层的感觉（Bick，1968）。体验的自闭—毗连模式[1]是一种前象征性的感官模式，因此非常难以用语言表达。感官接触的规律性和体验对这一模式最早的心理组织作出了贡献。表面接触的规律和体验对一个人与客体的最早关系都至关重要：被养育的体验以及在母亲怀抱中被轻拥、摇晃、聆听语言和歌谣的体验。从某种特定的、非常有限的意义上来讲，这些体验是"客体相关的"。在这种模式中，与客体的关系当然不是像抑郁模式中那样的主体间关系，也不是像在偏执—分裂模式中那样的客体间关系，而是形状与封闭的感觉、敲击与节奏感、坚硬与锋利的感觉的关系。顺序性、对称性、周期性、肌肤相亲的行为都是接触的范例，而此种接触又是最初的自我体验产生之始。在这一点上，"自体"体验只是一种来自"身体需要"的感觉上"持续存在"（Winnicott，1956，p.303）的非反射性状态。而这种"身体需要"只有"在母婴共同体通过对身体体验的富有想象力的描述而产生了一种心理状态时才逐渐成为

---

1 我将最原始的体验模式称为自闭—毗连模式，与偏执—分裂模式的命名方法大致相同，偏执—分裂模式得名于其心理组织形式以及与之相关的防御形式。在自闭—毗连模式中，心理组织很大一部分源自感官接触，就是说，通过感官表面的"接触"体验建立联系。这一组织的崩溃会导致书中所描述的自闭性防御的产生。

　　通读本书时，读者头脑中要明了，"自闭"一词所指的是一种普遍的感官主导的体验模式的独特特征，而不是指某种严重的童年期心理疾病。以自闭—毗连体验产生模式为依据，将婴儿或成人看作病理上的自闭，就像因以偏执—分裂位模式组织体验而认为他们是偏执—分裂型精神病，或因以抑郁模式为主导而将其视为抑郁一样荒谬。

自我需要"（ P.304 ）¹。

感官接触的早期体验确定了一个表面（形成位置感的开始），在此之上，体验得以被创造和组织。这些对"客体"（只会被外部观察者意识为客体）的感官体验是创造那些已经组织和正在组织中的体验早期形式的媒介。

表面接触（例如"型线的"皮肤表面、悦耳的声音、有规律的摇晃或哺乳、对称的形状）产生的是感官表面体验，而不是两个表面面对面或合并式的接触。实际上，并没有内部与外部或自体与他人的感觉，重要的是模式、界限性、形状、节奏、质地、硬度、柔软性、温暖、寒冷等。

一个29岁的病人L女士，在与母亲共处后前来咨询，因为她"不知怎样正确表达"，就像是处于一种非常严重的焦虑和弥散性的紧张状态，以至于唯一能终止这种紧张状态的方法是用一个刀片划遍她全身。她努力让自己前来咨询，而不是像过去那样割伤自己。在咨询期间，病人一直在失控地哭泣。在对病人与母亲的关系和这些感受之间的联系以及前几次会见中移情—反移情的焦虑进行了解的基础上，我尽可能多地解释了我认为自己理解的那些情况。李女士说

1　斯特恩（Stern，1985）从精神分析的发展观察的有利角度论述道："婴儿（从出生起）……获得感觉、知觉、行为、知识、动机的内部状态以及（非自我反射的）意识状态，并直接对其强度、形状、时空模式、效果影响及获得快感的方式进行体验。"（p.67）这一最早的体验模式的作用会贯穿终生，对所有成功的主观状态是"一种意识不到的体验模型"（p.67）。

她感觉好像"在缝合处崩开了"。我说我认为她的感受完全像字面上表示的那样被分裂了，她感觉她的皮肤就像她曾经想象撕裂自己的方式那样被撕裂。

　　当时已是傍晚时分，办公室有些冷了。我说："这儿有点儿冷了。"然后起身去打开了暖气。她说："是的。"没过多久她看起来平静了下来。她说由于无法理解的原因，她因为我说天冷了和打开暖气的行为而深深被"触动"了："你所说和所做的都是很普通的事。"我相信我打开暖气等于确认了我们都有空气在逐渐变冷的体验，并为我们之间创造一个感官表面提供了帮助。我以一种很大程度是潜意识的"普通方式"［可能就像是家里一个普通的、具有奉献精神的妈妈（Winnicott，1949）］在使用自己的感受和感觉。那种感觉对病人来说就像是我真的在身体上碰触到她并对她进行了抱持。以那种方式创造出来的共同知觉表面是"在缝合处崩开"的对立面，它促进了对她心理—知觉表面的修补，而这一表面感觉上似乎在与她母亲的交往过程中被撕裂了。

　　分析关系和环境中这一感觉上的"抱持"（Winnicott，1960a）与象征性解释（在移情—反移情的主体间性[1]基础上表达出来）的黏合力共同起作用。显然，方才呈现出的体验并不属于自闭—毗连模式中的"纯粹且未经稀释"的体验范围。情况往往如此：自闭—毗

1　主体间性是20世纪逐步兴起的一个哲学和美学概念。主体间性存在于交往之中，它表现为主体间一种双向度的关系，同时又表现为交往时所具备的品质。——译者注

连模式为感官主导的体验具有偏执—分裂模式（与之互相渗透）幻觉表现的形式，又具有抑郁模式的特征，包括主观性、历史性和象征性。

　　尽管纯粹的心理反射弧和自闭—毗连模式的体验都可以用非象征性的、身体的语言来描述，但二者之间还是有一个重要的区别。虽然心理反射有一个轨迹（从外部视角来看），但这一轨迹与体验发生的位置感的起点不同；在观察者看来，心理反射可能具有周期性，但这种周期性与节奏感不同；心理反射可能会有时间和空间上的起点和终点，但和界限感又不一样。无论是具体性还是完全象征性的，自闭—毗连模式的自体体验的雏形与个体情感状态的表现毫无关系。在这种模式中，感官体验诸如"婴儿"，形状、对称性、节奏、皮肤模塑感等的突然中断都标志着婴儿期的结束。

　　塔斯廷（1984）试图让我们坐在椅子上，努力去体验其对皮肤感觉的影响，而不是将其作为一个客体来体验，通过这种方式来表达婴儿皮肤表面体验的特点："忘记你的椅子，感受你所坐的位置对椅子座位的压力。它会形成一个'形状'，如果你挪动，形状也会有变化。这些'形状'对你来说完全是个人的"（pp.281-182）。在自闭—毗连模式中，既没有椅子，也没有臀部，只有这个词字面意思所表示的"压印"的感觉。塔斯廷描述了两种构成常见早期体验的感官印象：她称为"自闭形状"（1984）的柔软印象和称作"自闭客体"（1980）的生硬印象。这些感官表面体验之间的区别构成了这种模式的体验内容定义形式。自闭形状体验是柔软的感觉，我们在后面的论述会将其与安全感、放松、温暖感和情感相联系。对我来说，和这一体验感觉水平最接近的词是"令人安慰"和"让人舒服"。它不是指妈妈在抚慰我——它只是一种令人安慰的感官体验。

因为自闭形状的"他者"几乎毫无意义，所以与自闭形状的关系和与移情客体的关系是不同的（Winnicott，1951）。在移情现象中，体验以这样一个悖论为核心：客体同时既被主体创造也被主体发现，因此客体永远有一只脚踏在全能的个体所操作的世界之外。

R先生在开始分析时不幸地发现，他完全不知道该说些什么。他感到完全的一片空白和十分虚空。他曾盼望着分析的开始，却发现分析的体验令人恐惧。他曾期盼着毫无困难地进行谈话。通过用全神贯注于沙发上方的天花板图形中识别出的矩形的方式填充他后来称为自身（他在想或说上的不能）和分析关系（他体验为不存在的）中的洞，R先生在潜意识中为自己创造了一个感官基础。这些"洞"后来部分地被理解为是与母亲曾经接受过短暂治疗的严重产后抑郁有关的早期母婴关系中的"洞"的早期体验的衍生物。她在分析过程中告诉他，当他是一个婴儿时，她只在"绝对需要"时才会抱他。他哭的时候，母亲会躲在自己的房间里，任他在婴儿床上哭几个小时，直到不哭为止。

与之相反，自闭客体的体验是一种粗糙、生硬的皮肤感觉，在体验上就像贝壳一样坚硬的皮肤。它与最具弥散性的危险感有关，又与偏执—分裂模式中由皮肤表面形成硬壳以作为保护性盔甲的幻想所代表的东西有关。

　　M 女士，一位 35 岁的律师，在治疗的严重退行阶段产生了严重的肌肉僵硬和肌肉痉挛，尤其是在颈部。在会见过程中，她不时地按摩痉挛的肌肉。这些症状明显地表现出紧张性精神症的状态，其常以对潜意识愤怒的防御为核心。然而，这则案例中的当前移情—反移情体验并不以病人对与她自己或与我有关的破坏性的恐惧为中心。这些材料在严重退行之前围绕非常脆弱的感觉被组织起来，而这种脆弱由一个梦表现出来，在这个梦里，她变成了一个针插。这被理解为 M 女士感受的衍生物，就如我们之前讨论的那样，无力拒绝她母亲"和我"将自己投射到她身上从而取代她的感受。结果，随着时间的推移，我将 M 女士分析中的严重退行理解为她的这样一种努力：在身体里产生一种坚硬感，以抵制我进入她身体并企图——像她所理解的——控制她并将她变成我需要的样子。M 女士对肌肉的按摩同时被视为创造一个感官表面以安放自己的方式，和使自己确认此表面坚硬且具有保护性的方式（在分析的这种倒退阶段，病人并不会有被侵扰或有一个壳的幻想和梦境；体验主要是感官模式的）。通过口头解释将感官体验再次与语言相联系之后，这种紧张会减退。

　　我在这一原则的基础上开展所有的分析和精神分析疗法（不管三种体验模式的辩证平衡关系的转变）的各个步骤：个性中总有一方面，无论如何隐藏和掩饰，总在以抑郁模式运转，因此能够进行言语的象征性解释（Bion，1957；Boyor and Giovacchini，1967）。病人在某一次或一系列会见中，连续发生与情感转变相联系的联想，

通常被视为病人听取并运用了分析师的解释的证据。有时候，人们
必须要等上几年的时间，病人才会显示出直接的证据（例如，提醒
咨询师某个曾在病人看来不能以抑郁模式运作时做出的解释）证明
他使用了那一理解[1]。

　　感官主导体验的连续性的中断，被认为导致了这样一种焦虑，
即比克(1968)和梅尔泽(Meltzer et al.,1975)基于他们对病理性自闭的
儿童和相对健康儿童和成人的研究，描述的一种体验，即个体的皮
肤变成了一个滤网，个体内部通过其渗漏入无尽的、没有形状、缺
乏任何表面和界限的空间中（又见 Rosenfeld,1984）。比昂（1959b）
将被剥夺了内容和意义的体验称为"无名恐惧"（既然形状、节奏和
图案的体验是这种模式中仅有的"名字"，也许"无形恐惧"这一词
更能反映自闭—毗连模式中焦虑的性质）。

　　N女士，52岁，是一位对存在的连续性具有强烈不稳定感的女
性，在每次咨询时都花费很长时间保持沉默，并试图勾画出自她童
年以来认识的所有人的电话号码、生日、街道号码等。在一次这样
的漫长沉默中，我办公室的电话响起并立即由答录机自动接听了。
N女士明显震动了一下，并离开了办公室。在治疗过程中她有如此
举动还是第一次。她大概在五分钟后返回。在那次治疗更晚一些时

1　我认为，虽然病人总有一方面在以抑郁模式运作［一个"个性中非精神病的
　　部分"（Bion, 1957）］，同时又总会有体验的其他方面被防御性地阻止进入
　　心理范围，例如，通过创造身心疾病（McDougall, 1974）、述情障碍（Nemiah,
　　1977）和"非体验"形式（Ogden, 1980）的方式。

候，N女士带着羞愧和放松告诉我，她当时离开房间是去了卫生间，因为她感觉自己被大小便污染了。当时这种体验不是以思想的形式表现出来，而首先是一种身体感觉。只有在反思的时候，病人才会将其描述为被自己沉思时的思想突如其来的破坏性打断的感觉。从童年早期开始，N女士有很长一段自我体验被粗暴打断的历史。例如，病人自述，六岁的时候，其母亲在晚上会将她的胳膊和腿绑在床柱上，以防止她手淫。

这种对感官体验连续性的破坏的后果招致了针对这种体验模式的游戏形式的防御。比克（1968,1986）描述了一种她称之为"次级皮肤形式"的防御。这是一种为恢复个体表面的连续性和整体性感觉而做出的自我保护[1]。他人的表面被用作为个体自身表面不完全发展或退化感的替代品。一个次级皮肤形式的病理学例子就是婴儿湿疹，斯皮茨（Spitz，1965）将其理解为因出生后最初几个星期和几个月里缺乏父母拥抱而导致的身心失调。而持续性的抓挠（常常导

---

1 梅尔泽（Meltzer et al.,1975）在比克（1968）的研究基础上，提出了"黏附性认同"的概念，用以描述比内射性认同和投射性认同出现都要早的一种认同形式。在自闭—毗连模式（梅尔泽称之为"二维世界"，p.225）中，个体利用黏附性认同去创造或防御性地建构一种自身表面紧密结合的初步感觉。在黏附性认同中，客体表面被防御性地"黏附"的方式包括模仿、伪装以及将感觉关联形式黏附于这样一个客体："能够吸引（个体的）注意，并由此被体验为——至少是暂时的，将（知觉主导的）人格各部分合为一体"（Bick，1968，p.49）。

塔斯廷（1986）则认为"黏附性等同"的说法比"黏附性认同"更合适，因为在这一防御过程中，个体的身体被以一种最具体、感官的方式等同于客体。

致人们不得不用纱布将婴儿的手包裹起来以防止皮肤受到严重伤害和感染），从这个角度被理解为婴儿通过缓解渗入或掉进无形空间的恐惧，从而恢复（通过增强的皮肤感觉）表面的极度渴望。

用一张舒适的毯子将住院病人紧密包裹起来（同时有一些共情的工作人员时刻陪伴），对那些正在体验以自体消散在无限空间中的方式为表现形式的即将来临的毁灭恐惧的病人是一种有效且人性化的治疗方式。这种干预通过为病人提供实在、可感知的、被抱持的感觉和人际表面，从而努力为病人提供实实在在的次级皮肤。

在临床上对成年病人的心理治疗和分析中，次级皮肤构造的常见形式包括：从候诊时间就开始，只在咨询时间结束时才不得不终止的持续的目光接触；病人喋喋不休地谈话，填满整个咨询时间，几乎不给沉默留出任何空间；不停地抓着一个从外面带来或从分析师办公室找到的客体（如一张纸巾）；不断地哼唱或重复某一句子或乐曲，特别是在沉默可能接踵而至的时候。

塔斯廷（1980,1981,1984,1986）曾研究过在面临对自己感官连续性毁灭威胁时对自闭客体和自闭形状的防御性运用。自闭形状和客体提供了一种自我抚慰的形式，那是"完美的"形式，没有人可能做到。那种自我抚慰的行为，无论是捻弄头发、抚摸耳垂、吸吮拇指、用舌头舔腮帮内侧、摇晃、抖脚、轻哼、想象对称的几何形状或一系列的数字，都是绝对的和可供依据的表现。这些活动总是有着完全一样的感官特性和节奏，他们从来不证明情绪的转变，而且在需要的时候不会有丝毫迟疑。人类不可能有这样机器般的可靠性。个体对自闭行为有绝对的控制，但同时，自闭行为也会操控个体（Tustin, 1984）。行为的操控力量来自这样一个事实，即个体对防御的自闭模式的依赖完全取决于感官[1]体验的完美再创造能力，以使他免于承受无法忍受的恐惧（"无形恐惧"）。我对这两种操控——个体对自闭行为的控制和行为对他的控制——印象深刻，即使在已经获得了主要以抑郁模式稳定地产生体验的成年病人的精神分析中也扮演着重要角色。

一个 42 岁的病人，E 博士，是一名心理治疗师，如果我晚一分钟开始他的分析，他都会变得暴怒（他戴着一块数字手表）。E 博士说，他知道我了解"框架"的重要性，如果我以这种过分的方式违反它，那我肯定是并不在意他或至少不在意分析。所谓"框架"并不只是这个病人的一个想法，而是一种明显的感受，就像相框包围照片那样有形、坚硬且封闭。此人确实沉迷于作为自闭客体的分析框架。E 博士明确表示，他不仅是需要依赖我们的"关系"，而是要绝对地确定。结果，他试图控制一切，包括我的思想和感受。他会不停地告诉我，我在想什么、感受什么。通过那种方式，他试图确保我不会令他吃惊和失望。E 博士没有想到我带有观点的理解会使他感到非常痛苦，因为这反映了这样一个事实，即我拥有他没有创造出来的想法，因此他做不到绝对控制。这一系列的感受和这种形式的关联常被称为肛欲期固着、无所不能和投射性认同。这些无疑是

1　博耶（Boyer）所述的"基本规则"中表示出对分析体验的知觉维度的全方位的欣赏。他有时会直接或间接地（如通过他提出的问题）让他的病人去注意并用语言表达出他们在咨询过程中体验到的思想、感受和身体感觉。他也会这样要求自己，以运用自己的反移情体验（Boyer，1983,1987）。

对此症状和关联形式的精确描述，但是它们要得以贯彻还需要通过这样一种方式进行理解，即体验也包括与自闭客体的操控性的关联。

对自闭—毗连模式中分析体验的反移情回应这一主题的介绍只能简单地进行到这里。分析师的感受常包括被自动机器操控的感受（如 E 博士的案例），对病人没有热情或无论如何无法与之产生任何联系的不充分感，以及对病人的强烈保护感。这组相对类似的感受并非不像那些对主要以偏执—分裂模式和抑郁模式运转的病人做出的回应。自闭—毗连模式较为特别的是身体感觉主导的反移情体验。躯体体验如手和胳膊的扭动、胃疼、肿胀的感觉等并非不常见。反移情体验非常频繁地与皮肤感觉发生联系，如温暖和寒冷（见之前本章中 L 女士案例），还有刺痛、麻木，以及对像系领带和鞋带这样的皮肤压力过敏。有时感觉就像在病人与我之间被填满了一种温暖的令人抚慰的物质。这常常与一种令人昏沉却无关厌倦的反移情状态相联系。它反而是一种处于睡眠和清醒之间的令人愉悦的感受［可能这就是比昂（1962）所说的感官维度的"遐想"，即分析师对病人的潜意识体验善于接纳和母亲对婴儿的象征和去象征性的（或前象征）体验善于接纳的状态。］

从本章所述观点来看，在正常环境下，自闭—毗连模式可被看作提供了体验的有界限的感官"地板"（Groststein,1987）。它提供了存在于与偏执—分裂模式的破裂潜力之间的辩证张力之中的感官围墙。由偏执—分裂模式的破裂和消退过程造成的精神病的危险以下面两种方式被控制：（1）通过抑郁模式的象征性连接、历史性和主观性的黏合能力"从上面"控制;(2)通过自闭—毗连模式的知觉连续性、节奏性和有界性"从下面"控制。

小　结

在本章中,人类体验被设想为三种不同体验模式间辩证关系的产物。自闭—毗连模式为体验的感官连续性和完整性提供了一个好的测量标准(感官"地板");偏执—分裂模式是具体符号化体验的即时性的主要来源;而抑郁模式则是一个主要媒介,通过它产生了历史主观性和被象征性协调的人类体验的丰富性。体验总是产生于这三种模式的各自纯粹形式的理想所呈现的各极之间。

这些体验产生模式类似于空的集合,每一个都承载着与其他二者的关系。精神病理学可被看作这些极点之间所产生体验的丰富性的瓦解形式。瓦解可能是朝向自闭—毗连极、偏执—分裂极或抑郁极。朝向自闭—毗连极的瓦解会产生这样一种类似机器的牢笼,它通过依赖于僵化的自闭性防御试图在知觉上逃离无形恐惧的恐怖感;朝向偏执—分裂极的瓦解则以被关进这样一个非主观性世界的牢笼

为特点：它被体验为只是简单地发生且不能被思考或理解的思想和
感受；朝向抑郁极的瓦解包括个体被孤立于身体感觉和当下体验之
外的状态，使得个体缺乏自发性和活力。

第 3 章

自闭—毗连态

　　构成 20 世纪 30 年代到 20 世纪 70 年代早期的英国精神分析的观点的交互主要是围绕着克莱因、温尼科特、费尔贝恩和比昂的研究展开的。每一个分析家的工作作为一种理论结构，都为其他观点的提出提供了背景。在过去的二十年里，英国客体关系理论的发展历史，可以看作包含了在以下这些之外的经验领域的开始：克莱因（1958）对偏执—分裂态和抑郁态的观点；费尔贝恩（1944）关于内部客体的观点；比昂（1962）关于投射性认同在作为一种防御、交流和控制的原始形式的观点；或者温尼科特（1971a）关于母婴关系的发展以及过渡性客体的构想的详细阐述。

　　以斯帖·比克 (1968, 1986)、唐纳德·梅尔泽 (Melzer, 1975, Meltzer et al., 1975) 和弗朗西斯·塔斯廷 (1972，1980，1981，1984, 1986) 在临床和理论方面的工作发展于他们对自闭症儿童的临床工作中，有助于界定所有的人类经验中没有被完全理解的部分（比偏执—分裂更原始的部分），也就是我所说的自闭—毗连态。本章节对这些分析家的工作进行了综合、解释和扩展（另外一些在这些领域做出重要贡献的研究的部分列表包括：J.Anthoy, 1958; Anzieu，1970; Bion，1962; Bower，1977; Brazelton，1981;

Eimas，1975；Fordham，1977；E.Gaddini，1969，1987；R. Gaddini，1978，1987；Grotstein，1978，1983；Kanner，1944；S.Klein，1980；Mahler，1952，1968；Milner，1969；D.Rosenfeld，1984；Sander，1964；Searles，1960；Spitz，1965；Stern，1977，1985；Trevarhan，1979；Winnicott，1960a）。

　　在前面的章节里，我把这种最原始的心理组织结构称之为自闭—毗连态（我之所以称之为态，是因为我把这种发展的而且不断变化的体验产生模式视为和发展阶段论相对立的一个体验产生模式。我认为它是和偏执—分裂态和抑郁态具有同等意义的心理组织，而且对辩证地理解人类体验做出了同样的贡献）。这个原始的组织代表了正常发展的主要部分通过这种加工产生了一个模式。这种体验组织模式具有以下特点：特殊的防御类型、客体关联形式、焦虑特质、主观性程度，这些都是在本章中进行详细描述和临床分析的内容。

　　这种心理组织结构产生的存在状态和偏执—分裂态与抑郁态保持着历时与共时的关系。尽管自闭—毗连态处在比克莱因所描述的那两个阶段更早的时期，事实上它和偏执—分裂态与抑郁态在心理生活的开始就辩证地共存一起。抑郁态、偏执—分裂态和自闭—毗连态的概念彼此之间再一次构成了肯定和否定的环境。就像每一个创作中黑夜和白天、光明和黑暗、有声和无声、意识和无意识的观念的再现。自闭—毗连体验维度上的描述不会在任何层面的理解上贬低偏执—分裂态和抑郁态维度的意义。本章试图对包含了绝大多数人类原始体验的心理位置或者心理组织进行描述。

原始体验的结构

自闭—毗连组织与一种为体验赋予意义的特殊模式有关，在其中，未经加工的感官数据通过在最终构成有界表面的感官印象之间形成前象征联系而进行排序。正是在这些表面之上，自体体验得以源起：自我［"我"（the "I"）］首先且最终是身体的自我……（Freud，1923，p.26），也就是说，自我最终来源于身体感觉，主要来源于从体表萌发的那些感觉（Freud，1923，p.26，1927年增加了脚注）。

我保留了自闭 这个词用来命名最原始的心理组织——尽管这个术语通常与一种病理性的封闭的心理系统联系在一起，但我不认为这是一个正常的自闭—毗连模式的特征。我之所以这么做是因为我相信病理形式的自闭涉及过度防御的使用，对体验赋予意义的方法，以及正常的自闭—毗连组织的客体关联模式的特征。

我相信毗连这个词特别有助于进一步命名这个组织，就像在之后要讨论的那样，彼此接触的体验是一种主要的媒介，正是通过这种方式，联系和组织在这种心理模式中得以实现。因此毗连这个词提供了一个必要的对立面，与自闭这个词所承载的隔离和不连接的内涵形成了鲜明的对照。

在正常情况下，这种原始心理组织，为所有主观状态的感官界限的形成提供了几不可察的背景。当婴儿处于极端焦虑的状态（因为原发的和环境的原因或者二者其一）的时候，这种模式的防御系统会变得过度而且僵化。这导致了多种形式的自闭反应，范围从病理性的婴儿孤独症到在其他方面获得了典型的神经症性心理结构的自闭症患者（参见，S.Klein，1980；Tustin，1986）。

这一自闭—毗连态的概念必须从玛勒（Mahler，1968）的"正常自闭症"中区分开来。她指出，在生命最初的几个月里，婴儿存在于一个"封闭的一元系统里，在幻想得以实现中达到自我满足"（p.7）[1]。与此相反，我并不认为自闭—毗连态是一个婴儿与它的客体世界相隔离，并且和客体世界没有反应的封闭系统。正如将要讨论的那样，客体关系被体验为——在自闭—毗连模式之中——按照经由个体与客体的交互作用以及在这些互动的过程中发生在个体内部的感官转换所产生的感官表面（参见，Bollas，1979）。客体以一种有组织的和正在组织的方式（作为一种感官印象），以及包含了（正在发展中的）自体和客体之间的交互作用和相互转化的方式被赋予意义和得到回应。

鲍尔（Bower，1977）、布雷泽尔顿（Brazelton，1981）、斯特恩（Stern，1977，1983，1985）、特雷瓦特恩（Trevarthan，1979）等通过观察获得了有力的证据，证明婴儿从出生的前几天和前几周就有能力理解、区分外部事物和对其作出回应，并据此推断出婴儿对外部世界有着（至少是零星的）某些认识。[（我在其他地方讨论过此类数据的核心特征（Ogden，1984）]。通常来说，在早期的母

1　斯特恩(1985)报告说，玛勒在她去世之前扩展了她对婴儿最早期发展的概念，更加认可了婴儿对人类和非人类环境的认识和反应。

婴关系中，同一性和可分离性体验的互动使得婴儿有能力承受对分离的觉知。自闭—毗连结构的正常运转有赖于母亲和婴儿产生这样一种感官体验的能力，即能够将作为早期婴儿体验固有组成部分的分离意识"治愈"或"变得可以忍受"（Tustin,1986）。当母婴关系无法执行为婴儿提供"疗愈"的体验的功能的时候，"萌芽自我"结构的这一漏洞就会成为不可忍受的"（最终会导致）有意识痛苦的身体分离意识"（Tustin,1986,p.43）的根源。在此种环境下，婴儿的发展会偏离至病理性自闭的方向，这会创造出一种心理死亡的状态，梅尔泽及其同事（1975）在癫痫发作中将其与"缺失"（absence）相比较，我（Ogden,1980）曾将其描述为一种"非体验"（non-experience）状态，为体验赋予意义的过程发生了中断或麻痹。

感官主导体验的本质

在自闭—毗连态里，感官的体验，尤其是皮肤表面的感觉，是创造心理意义的主要媒介和自我体验的基础。有一定节奏的皮肤表面的接触的体验，是婴儿客体关系的最重要的基础：婴儿被妈妈抱着、照顾和妈妈对着他说话的体验。这些早期体验在特定意义上与客体相关，也和自闭—毗连态这个词的主观性质有关。在此前的文献中（Ogden,1986；又见第二章），我已经讨论了克莱因的抑郁态的概念，抑郁态作为一种心理结构拥有一个解释性主体，作为象征物和被象征物之间、自我和自我体验之间的一个中介。在偏执—分裂态，几乎没有一个中介的解释性的"我"（I），而自体在很大程度上是作为客体的自体，一个只能够在最低程度上将自己体验为自身的感受、想法、情感和看法的创造者的自体。而在偏执—分裂模式之中，个体被自我体验为被自己的想法、感受、情绪和感觉所占据，就像它们是单纯发生的力量或事物。

个人客体关系的本质在很大程度上是由构成那些客体关系背景的主体的性质（我的形式）所决定的。在自闭—毗连态，与客体的关系是这样的：在这种关系中，对"我"的触及感觉的结构源自感官接触关系（比如触摸），这一关系随着时间的推移会产生承载体验产生的有界感觉表面［对"个体生活的某个位置"感觉之始（Winnicott,1971a）］。由毗连关系所产生的有边界性的例子包括当婴儿的脸靠在母亲的乳房上休息时，由婴儿的皮肤表面的压力所产生形状的感觉；当婴儿在吮吸过程中由于婴儿吮吸的节律性和规律性而衍生出的连续性和可预测性的感觉（在母亲提供抱持性环境的背景下）；婴儿和妈妈在咕咕哝哝的对话中所形成的节律；由婴儿的牙齿紧紧地贴在妈妈的乳头和手指上所产生的边界感。

必须同时从两个方面的视角来讨论作为主体的自闭—毗连态中主体性的基本开端。一方面，婴儿和妈妈是一体的："从来没有婴儿这回事儿"（Winnicott,1960a, p.39 脚注）。从这个角度来说，婴儿的主体性是由母亲所把持的（更准确地说，被外部观察者视为母亲的母婴关系的一方面来把持）。与此同时，从另一个角度来看，婴儿和母亲从来没有绝对的单一的存在，并且婴儿的主体性在自闭—毗连态可以被认为是以一种非常微妙的、非自我反思的形式在获得主体欲望（感官层面开始于主体对某些东西产生渴望）的特征的过程中的"自我存在"（Winnicott,1956）。 感官体验在自闭—毗连模式下有一个节奏性，这种节奏性逐渐变成一个连续性的存在。它具有一个界限，那是感觉、思维和生命的体验开始的位置。它还有形状、硬度、冰冷、温暖和质地的特质，这是作为一个人气质形成的开始。

塔斯廷（1980,1984）曾经描述了两种类型的客体体验，这些体验构成了在自闭—毗连态上组织和定义体验的重要手段（这些组织和描绘体验的手段在心理防御结构中处于次要地位）。这些客体关联形式（同样只有一个外部的观察者才能将其识别为一种外部客体关系）中处于第一位的是对"自闭形状"（1984）[1]的创造。必须要把在自闭—毗连模式下产生的形状和我们通常所认为的事物的形状区分开来。这些早期的形状是有表面的温柔触摸的体验所产生的

1　塔斯廷（1980,1984）借鉴安东尼（Anthony，1958）的研究，构建了一个"正常自闭"［她最近将其称之为发展的"自动化感知"（1986）］的阶段。在这个阶段，婴儿以与自闭症儿童使用的"形状"类似的方式利用"形状"。然而一般婴儿对"形状"的利用，并不像病理性自闭的婴儿那样广泛和僵化，也不是为了切断与外部客体的联系。

"感觉的形状"（Tustin,1986,p.280），这带来了感官印象。自闭—毗连模式中的形状的体验，并不涉及所感知到的事物的"客体性"和"物性"的概念。就像塔斯廷（1984）所指出的，如果我们将坐着的椅子缩减为它对我们的臀部造成的感觉，我们就可以尝试为自己创造一个自闭形状的体验。从这个角度来讲，除了自身所产生的感觉，椅子作为一个客体的感觉是不存在的。这种印象的"形状"对我们每一个人来说都是独一无二的，并且随着我们坐姿的转换而变化。

对于婴儿来说，自闭—毗连模式下产生形状的事物包括他自己和母亲身体的柔软部分，以及柔软的身体物质（包括唾液、尿液和粪便）。自闭—毗连模式中的形状的体验，有助于凝聚自我，也有助于形成感知正在成为客体的事物的体验。在后来的发展过程中，"舒适""舒缓""安全""连续性""抱持""拥抱"和"温柔"等词汇将会和自闭—毗连模式下的体验联系在一起。

塔斯廷（1980）很早所描述的感官体验定义的第二种形式——"自闭客体"的体验——与自闭形状的体验形成了鲜明的对比。自闭客体的体验是一个硬的、有棱角的体验，是一个客体被用力压在婴儿的皮肤上所产生的感觉。在这种形式的体验里，个体会感觉自己的表面（在某种意义上就是他的一切）就像一个坚硬的外壳和盔甲，可以保护他免受那些只有在生命晚些时候才能被命名而当前还难以言说的危险。自闭客体是产生安全感的有边界的感官印象，这种边界性可以定义、描述和保护个体可能会暴露出来的脆弱的表面。随着体验在偏执—分裂和抑郁模式的不断增加，"盔甲""外壳""防御""危险""攻击""分离性""差异性""侵犯""僵化""不可渗透性"和"拒绝"等词汇和自闭客体所创造的感官印象的特点联系在了一起。

我曾经为一个名字叫罗伯特的先天性失明的精神分裂症青年进行了多年的集中治疗（对这个案例进行的深入讨论，见 Ogden，1982a）。病人，19 岁，治疗工作刚开始的时候，他的话很少。病人说他被遍布地板、食物上和他的身体里的蜘蛛吓坏了。他感觉它们在他身体的所有开口里爬进爬出，包括眼睛、嘴巴、耳朵、鼻子、肛门和阴茎，以及皮肤上的毛孔。他坐在我的办公室里，浑身发抖，两眼在眼窝里向后翻，这样就只能看到巩膜。

根据他的父母、兄弟姐妹和其他的亲戚们提供的资料，罗伯特在婴儿时期，母亲对他的照料总是在令人窒息的极度关心和极端的仇恨之间无常变换。他会被独自留在移动婴儿床里好几个小时。罗伯特会站在婴儿床里，抓住横杠的上缘，然后有节奏地把头往栏杆上撞，以推动自己在房间里来回移动。他的母亲告诉我，他似乎对这种痛苦熟视无睹，而且她对他"恶魔般的任性"感到恐惧。

在我将在这里集中讨论的治疗时期，尽管他的护理人员尽其所能地使用了刺激、哄骗、贿赂、威胁等能够想到的各种方式，罗伯特都拒绝洗澡（治疗的第一年他是住院的）。他即使在睡觉的时候也几乎不换衣服，而且他的头发就是油腻腻的一团。

罗伯特身上如影随形地散发出一种强烈的体味，他从我的办公室里离开几个小时，味道仍然弥漫不散。他窝在我咨询室的软椅里，用他那油腻的头发靠着那被厚厚地包裹的椅背。当时我在移情—反移情的交互作用方面感受到的最清晰的部分，是我感到自己被这个病人侵袭的那种方式。当他离开我的办公室后，我并不能感到自己从他身边解脱了。我感觉通过将气味渗透进我家具的方式（我很确定这一点），他好像已经成功地以一种具体的方式进入了我的体内——进入我的皮下。我最终被这种感受理解为我对投射性认同的反应（无意识参与），在这种认同中，病人在我身上产生了他自己的感受，那就是痛苦且不情愿地被他的内部客体母亲渗透进去。

　　回想起来，我觉得我并没有在病人无意识地要引起我注意的体验方面给予足够的重视。当我问罗伯特，洗澡的时候他最害怕的是什么，他说："下水道。"我现在觉得，我比当时更充分地理解了，罗伯特害怕溶解并且真的流进下水道。因此，他尝试在自己独特的身体气味的感觉中加固自己，这在他没有形成明确的视觉表征能力的情况下对他是特别重要的。他的气味构成了一个安慰性的自闭形状，这种形状帮助他创造了一个地方，在那里他可以感觉（通过他身体的感觉）到自己的存在。他的颤抖让他对皮肤有了更强烈的感觉。他把眼睛翻回到头骨的穹隆里，使他免受他所看到的暗淡、模糊的阴影的侵害（多年以后，他告诉我那些阴影"比什么都看不见更加糟糕"，因为它们让他感觉到自己好像就要被淹没了）。

　　病人坚持把他的头靠在我的椅背上，这在一定程度上为他提供了边界。在童年早期，罗伯特使用过类似的方式，绝望地试图通过将他的头撞在婴儿床的坚硬的边框上来修复一种失败的自我凝聚力，以应对长期与母亲无联结所造成的瓦解性影响。这种与硬度的早期"关系"表现出了一种对自闭客体的病态使用形式，那就是将其作为与一个真实个体的疗愈性关系的替代品。有节奏的头部撞击和撞婴儿床的运动可以被看作共同构成了一种通过使用自闭形状来自我安慰的努力。

透过这些，罗伯特在不洗澡一事上的坚持就可以被更充分地理解了。对他来说，体味的消失就相当于自我的丧失。他身体的味道为他提供了成为某人（一个具有特殊气味的人），存在于某处（他可以感觉到它的气味的某个地方），以及对另一个人有某种意义（一个能闻到他的气味、被他感染并记住他的人）的基础。在这种情况下，将气味用作一个自闭形状，在此种程度上是可以被视为非病理性的，即气味作为移情—反移情关系的一部分而存在，这种关系在很大程度上是为了建立一个具有连续性（"触摸"气味）的客体关系，而不仅仅是为了创造一个替代物而做出的努力。

自闭—毗连体验和病理性自闭

虽然病理性自闭可以被认为在建构一个"去象征性的"领域，但是，正常的自闭—毗连模式却是"前象征性的"，因为对以感官为基础的体验的组织是为了创造象征符号做准备，而这些象征符号是由过渡性现象的体验调停的（ Winnicott,1951 ）。这一过程的定向与病理性自闭的去象征性体验的稳定性相反，病理性自闭在努力保持一种完全绝缘的封闭系统（除了回到自身，感官体验不会去任何地方）。病理性自闭旨在彻底消除所有未知和不可预知的东西。

对病理性的自闭形状和客体体验的机器般可预测性取代了对必定不完美和不可完全预测的人类的体验。在提供完全可依赖的舒适和庇护方面，没有人能够与永不变更的自闭形状和客体相比拟。

在婴儿期，体表体验至关重要，因为它构成了有这样一个集合的场所：感官印象的特质的、前象征性世界以及在以与婴儿相分离的方式存在并处于其全能控制范围之外的外部观察者眼中的客体组成的人际世界的集合。正是在这一阶段，婴儿才要么会发展出处于一种与母亲以及其他客体世界的关系之内的方式，要么会发展出一种感官主导的存在方式 [确切地说是一种不存在（ not-being ）的方式]，用来将潜在的自体（从来都不曾形成）与所有处于其感觉控制范围之外的世界相隔离。对身体系统被隔离于相互转换的人类体验方面来讲，在个体与他人之间缺少了"潜在空间"（ Winnicott，1971a ；又见，Ogden，1985b，1986 ）（自体体验和感官知觉之间的潜在心理空间）。这一封闭的身体世界没有在象征物和被象征物之间创造出区别的空间，因此是一个不可能形成解释性主体的世界，也是一个在婴儿和母亲之间没有过渡性现象可以被创造 / 发现的心理空间的世界。

婴儿反刍综合征是病理性自闭的自我封闭性循环的范例：

反刍或回流……（是）把已经吞咽、进入胃里和可能已经开始进入消化流程的食物返回口腔……这些食物可能部分被再次吞咽，部分流失，对婴儿的营养吸收造成严重后果。与食物不需任何努力就会回到婴儿口腔的返流不同，在反刍时，有着复杂且刻意的准备性运动，特别是舌头和腹部肌肉。当努力达成，奶液在咽喉后部出现时，儿童的面部会布满沉醉的表情。（Gaddini and Gaddini，1959，p.166）

在婴儿反刍中，对他人的意识（通过喂养互动形成）一开始就由于婴儿将整个喂养过程据为己用并且陷入一个紧密封闭的为自己创造食物（更确切地说，是创造他的自闭形状）的自动感觉循环之中而被短路了。继而，这些自闭形状取代了母亲，因此将喂养经验从通往逐渐成熟的客体关联的林荫大道转变为一条通往无客体（objectless）的"自我满足"（self-sufficiency）（其中并不存在自我）之路。

在分析过程中，在病人身上可以看到一种等同于反刍的形式。这类病人不是将个人思考和感受其思想、感情及感觉的分析空间内化，而是呈现出一幅分析的漫画，在漫画中，反刍和模仿取代了分析过程。分析师的角色完全是被指派的。这类病人常常会无意识地幻想同时用父母和儿童的功能"喂养了自己"，因此用一种幻想中的客体关系的内部世界以及对自闭形状和客体的体验取代了真实的客体关联。

　　M 太太是一位 62 岁的寡妇，我已对她进行了八年的集中心理治疗。她最初是在一次自杀未遂之后，由她的内科医生介绍过来的。她用一把剃刀仔细地在她的手腕、胳膊、腿和脚踝上割出了深深的伤口。然后她进入一个装满温水的浴缸中，用三个多小时的时间耐心等待血流尽而死。在她陷入昏迷之后，一个清洁工发现了她。在等待死亡时，她体验到从长达几十年的强迫习惯的压迫下解脱出来的放松感。

　　M 太太说话时语句简略，而且几乎只回应直接的问题。她告诉我，在努力地"捋清思绪"时，在允许自己通过她家里的一扇或另一扇门之前，她会在门前站上几个小时。"捋清思绪"意味着为自己进行一次对过去体验、包括所有感官特点在内的完美再创造。多年以来（包括最初几年的治疗），这种努力集中于试图再次体验大约三十八年前病人和其丈夫一起品尝的第一口冰酒的味道。不管是要进到另一个房间，还是要去客厅，在彻底完成这一任务之前，她不允许自己打开房屋的任何一扇门。她把"捋清思绪"比作一次性高潮，这是一种不同感觉和节奏以非常特殊的方式进行的组合。多年来，这种强迫行为几乎充斥着 M 太太生命的每一时刻。在分析过程中，这种行为被理解为提供了一种形式的安慰，这种安慰既像噩梦般地专制，又维持着生命。

　　M 太太很害怕身体节律被打乱，尤其是呼吸。在她的强迫拉锯战中，M 太太感到了窒息的恐惧，她感到如果她不能"捋清思绪"，就不能继续正常地呼吸。同时，她又感觉自己不得不有意识地进行呼吸，她一直不能感受呼吸的自然、自动和充分性。病人确信，如果她忘记呼吸，她就会窒息。

尽管 M 太太对治疗非常重视，并且在每天和我见面的时候也从不迟到，但是她发现我说话的时候她非常痛苦，因为这影响了她专注的能力。与这位病人相处的体验大大不同于与另一位沉默型病人相处的体验。和我们为那位病人提供了"抱持性环境"（Winnicott,1960a）的感觉不同。M 太太常常让我觉得一无是处。M 太太在家时也在沉思，就像她在工作中对我做的那样。如果真有什么不同的话，那么在我看来是我对她提出了额外的要求——要求她把我当作一个独立的人和治疗师加以利用——而这让她的情况变得更糟了。在治疗的第二年，我一点一点地告诉她，我猜测我自己想让她把我当作一个人来看待的愿望其实反映了她自己的一个方面，但当时她并不认为自己可以理解这一复杂的解释，因为她正在全力为自己的生活做斗争。她会看我一眼，然后点头，好像是说："我理解你的意思，但是我现在太忙，没时间交谈。"然后继续她的工作。

偶尔，她会松一口气，瞥我一眼，点点头，然后愉快地微笑说："我终于把它捋清了。"于是她就会看起来放松了下来，看着我，就像正从麻醉中醒来，想看一看她在忍受痛苦的时候是谁陪在她身边。然后她会提起精神，为再一次的思考做准备，所以，这些短暂的时刻远不能使她放松。

在又一次陷入沉思之前的暂缓阶段，M 太太能够提供一些过去生活的片段。我了解到，她曾深深爱慕并崇拜着她的丈夫——一位年长她二十岁的教授。在他们二十二年的婚姻中，他们生活得非常幸福。病人试图自杀时，正是丈夫死后的第八年。

　　M博士及太太夫妇二人曾经有一大本二人共同生活的影集，在M博士死后，病人冲动之下把它扔掉了，"因为千头万绪无法收拾"（听她这么说，我感到了痛，因为感觉上就像她在这一冲动的行为中切掉了自己至关重要的一部分）。M太太仅从影集中挽救了一张照片，一张他们夫妻二人和一头"真正的狮子"的合影，她丈夫将一只手放在狮子张开的嘴里。

　　M太太的母亲是一位患精神病的女演员，她认为她能够阅读女儿的思想，比她女儿自己更知道她在想什么。童年时的M太太在母亲的妄想戏剧中扮演着道具的角色。这个孩子在祖母给她的一个中国盒子里保留着一些重要的小玩意儿和票据存根。在一次对女儿的神秘性产生的暴怒中，母亲（病人十岁时）趁病人去上学扔掉了盒子。当M太太告诉我这些时，我说，我想我终于开始理解她把照片扔掉所包含的一些意义：最宝贵的东西只有在你心中时才是最安全的。

　　随着时间的推移，我认识到，这一理解并不充分。M太太常常表示，她实际上对保存东西的内部空间并没有感觉。她告诉我："我没有内部，我在四十五岁时，做了子宫切除手术。"

　　后来我告诉她，我认为当她感到没有一个安全的地方去放置对她最重要的人和物品时，她就觉得自己不得不寻求一种冻结时间的方法。用酒的味道来"拎清思绪"并不是在努力记起什么东西。记起对她来说是件极其痛苦的事，因为那样她就会认识到那一刻已经结束了。我说她给了我这样一种感觉，即她在努力变得没有时间和空间——她可能会进入那种感觉、那种味道，并变成它。所有的一切都在她需要的那个地方，只有在那儿她才能得到放松（那张她丈夫的手放在狮子口中的照片肯定也为 M 太太营造了一种时间真的凝固了的感觉）。

M 太太的沉思症状并不是在丈夫去世后才开始的。从青春期及其之前，她的生命就已经被无休止地投入到一个没有时间感的国度里。在治疗中，我最初曾试图理解她选择每一种感觉的意义，但是，随着时间的推移，我认识到这位病人的心理世界并不是由意义的叠加组成的，她生活在一个既非内部亦非外部的没有时间感的体验之中。这种沉思活动的实质是纯净、不会变化的感觉。M 太太的自杀企图和她对死的渴望代表了她希望如果活着不能获得这种没有时间的状态，那么可能死亡可以获得。

在 M 太太和其母亲之间的早期关系中，并没有产生一种抱持性环境的内化。相反，M 太太防御性地试图创造一个这种环境的替代品。她不能理所当然地认为没有她的有意努力，呼吸能够保持其节奏并维持她的生命。病人的生命全部被投入到这样一件事中：为母亲和婴儿之间的空间——婴儿常常在这个空间中寻求在自我和他者之间安放自己的空间——创造一个替代品。当这个空间处于缺失状态时（以那个病人在其中收藏自己珍贵的小东西和她与外部客体关系的盒子为象征），M 太太就尝试变成感觉本身。

在治疗的八年中，M 太太开始能够在其强迫性的沉思中有更多的思想相对自由状态。当这一情况发生时，我逐渐开始察觉到是一个散发着微弱生机的活生生的人与我同处一室。当 M 太太为与丈夫之间的搞笑事情或我说的趣事而欢笑时，我多次瞥到一个感到欢乐的小女孩的影子。当我接到那个我认为从一开始就可能接到的电话，我感到一种掺杂着悲哀和类似放松的感觉：她因为严重中风被送去医院，然后去世了。

　　我将自闭—毗连模式看作所有强迫性防御的一个重要方面，我认为这些防御使得建立一个紧密有序的感官体验容器成为必要，而这一容器从来不只是一个用以驱除、控制和表达冲突的无意识肛交欲望和恐惧的、象征性的、观念上的体验序列。这种形式的防御常常用来堵塞存在于个人自体感中的感觉体验上的空洞，通过这些空洞，病人恐惧且感觉到（以最具体的感觉方式）不只是念头，而且实际的身体部分也会渗漏出去。强迫症状及防御根源于婴儿为其感官体验整理和创造出一种边界感所做的最早努力中。这些在组织和定义上的努力很早就被用来驱除与对感官主导的、基本的自体感的破坏相关的焦虑了。

自闭—毗连样的焦虑的本质

　　三个基本的心理组织（自闭—毗连、偏执—分裂和抑郁）中的每一种都与其自身特有的焦虑形式有关。在每一种情况下，焦虑的本质都与体验模式中不连续（解体）的体验有关，无论是抑郁态的整个客体关系的破坏、偏执—分裂态的部分自我和客体的分裂，还是自闭—毗连态的感觉凝聚力和界限感的瓦解。

抑郁样的焦虑包括在事实上或者幻想中伤害和赶走一个所爱的人的恐惧；偏执—分裂样的焦虑的核心是一种即将毁灭的感觉，这种体验是以对自我和客体的分裂性攻击为主要体验形式的；自闭—毗连样的焦虑是指一个人的感官表面或者他的"安全节奏"（Tustin, 1986）即将瓦解的体验，会使人产生渗漏、溶解、消失或者跌落无边无际的空间的感觉（参见，Bick,1968;E. Gaddini,1987;Rosenfeld,1984）。

自闭—毗连样的焦虑的常见表现包括：一个人正在腐烂的可怕感觉；一个人的肛门括约肌或者其他容纳身体内容物的方式正在失效，而唾液、眼泪、尿液、粪便、血液、月经等诸如此类的都在渗漏的感觉；对跌落的恐惧——比如跟入睡有关的焦虑，因为害怕坠入无边无际的空间里。正在经历这种失眠的病人经常试图用毯子和枕头把自己紧紧地包裹住，保持卧室灯火通明，或者通宵放熟悉的音乐来缓解焦虑。

K女士是一个25岁的研究生，因为对雾霾和海洋的声音的恐惧而接受治疗。大雾令人恐怖得让人窒息，"她看不见地平线"。病人感到害怕"发疯"，而且害怕自己意识不到正在发生的一切。她经常恳求治疗师告诉她：治疗师是否已经意识到病人正在脱离现实。

当 K 女士 4 个月大的时候，她的母亲得了脊髓膜炎，住院治疗了 14 个月。母亲从医院回到家里的时候，她就霸道地统治了这所房子中从她的轮椅到她能约束的所有地方。病人最早的记忆（对她来说分不清是梦境还是回忆）是，向坐在轮椅上的母亲伸出双手，然后被她推开。与此同时，在这段记忆里，病人向窗外望去，看到一个小女孩从病人房子后面池塘的冰上坠落了下去。K 夫人对她的女儿说："你最好去救她。"

我把这段"记忆"看作病人从自我抱持的表面（最初在和母亲的交互作用中建立起来的）坠落的经历的生动呈现。K 女士既是那个在冰上坠落的小女孩，同时也是那个必须尝试着在小女孩溺水之前把她从冰里拉出来的大一点的孩子。金属轮椅上的母亲被认为是无法挽救孩子的，实际上，她似乎是潜意识中因为小女孩坠落到冰里而受到责备的那个人（母亲把K女士从身边推开）。

K 女士将海洋和大雾体验为她可能掉进去的毁灭性的无边无际的虚空。由于病人自我凝聚力的脆弱性，她一直生活在对"发疯"（事实上而非象征性地失去和现实的联系）的恐惧之中。病人缺乏一种基本的感觉，这种感觉通常是由和我们共同分享这个世界的感官体验的人际接触所提供的，这对于我们保持神志清醒有着重要的帮助。

自闭—毗连模式下的防御

　　在自闭—毗连模式中产生的防御是为了重新建立有界的感官表面的连续性和自我早期完整性所依赖的有秩序的节奏。在分析时间里，心理成熟范围内的病人，通常会尝试通过下列活动来重建感官体验的"地板"（Grotstein,1987）：捻头发或者叩脚（即使躺在沙发上的时候）；轻抚嘴唇、脸颊或耳垂；哼唱、吟诵、意想或者重复一系列数字，集中注意力在天花板或墙壁上对称的几何形状上，或者用手指在沙发旁边的墙壁上描绘图形。这类活动可以被认为是自闭形式的自慰应用。

　　在分析间隙中，病人通常试图通过有节奏的肌肉活动——包括长时期的骑自行车、慢跑、折返游泳等诸如此类的运动；进食和清洗仪式；摇摆（有时是坐在一个摇椅上）；撞头（经常是撞击枕头）；连续几小时乘坐公交和地铁或者驾驶汽车；在大脑或者计算机程序里保持并持续计算（"完善"）一系列数字或者几何图形等——来维持或重建溃散了的身体内聚力。这些活动的绝对规律性对于缓解焦虑的过程是如此重要，以至于个人不能或不会允许任何其他的活动凌驾于它们之上。

　　比克（1968,1986）使用短语"次级皮肤形式"来描述个体为皮肤表面凝聚力的退化感创造出一种替代物的方式。通常，个体尝试利用附着在客体表面的感官体验来修复自身表面的完整性。

梅尔泽及其同事 (1975) 引入了"黏附性认同"这一术语，用来表示在为减轻对解体的焦虑而对客体的防御性依赖。例如，他们会通过模仿和拟态[1]的方式，试图对客体表面加以利用，就好像这是他们自己的一样。在自闭—毗连模式下，个体试图通过把碎片化的客体黏附在失败的自体表面来防御解体的焦虑。

R 夫人在她治疗的退行阶段，会一次花几个小时的时间去抠她的脸。她患有严重的失眠症，很大程度上是因为她害怕她那无法忆起的噩梦。久而久之，她的脸上布满了伤疤，而她又会去抠这些伤疤。这种"抠"发生在分析的过程中，病人显然处于极度痛苦的焦虑状态里，但她说她"绝对"没有这样想。

R 夫人会从沙发旁边的纸巾盒子里拿出一些纸巾，贴在她脸上那些被她弄伤的地方（她也会在分析时间结束后把这些没用了的纸巾带回家里）。在我看来，分析到了此时此刻，无论是自我毁灭的愿望还是对我的敌意应该都不是这种行为的核心。我告诉她，我想她一定觉得自己好像是没有皮肤似的，她不能睡觉是因为她一旦睡觉，一定会觉得对于进入噩梦的危险失去了心理防御。我说我能理解她用我的皮肤（纸巾）遮盖自己的企图，因为这让她感觉到自己不是那么地脆弱。

1　拟态指动物为了生存，在外形、姿态、颜色、斑纹或行为等方面模仿他种生物或非生命物体以躲避天敌的现象。——译者注

在这次干预之后的时间里，R夫人就睡着了，而且一睡就几乎睡了整整一个小时，直到我叫醒她，告诉她我们的时间到了。在下一次会面的时候，病人说尽管她在我办公室睡觉的时候没有盖毛毯，但是当她回忆起那次经历时，她还是能够清晰地感觉到，她睡在某种东西的遮盖之下。R夫人在治疗中的睡眠能力，体现了把我作为次级皮肤的一种扩展和更充分的象征意义上的运用。她利用我和分析过程作为一种象征性的但是又有实际形状的感官媒介来包裹她自己。就这样，她觉得自己得到了充分掩盖和包裹，可以安然入睡了。

在结束本节之前，我想简单地提一下两种形式的症状学，在这种症状学中，自闭—毗连模式防御的概念必须作为对源自冲突的性的和侵入性的愿望的焦虑而产生的防御的补充理解。首先，强迫性手淫的目的通常是创造一个更强烈的感官表面的体验，以避免体验到感官凝聚力的丧失。例如，一个女性患者每天手淫数小时却没有有意识的性幻想，性高潮不是目的。当性高潮真正到来时，就会变成一种不受欢迎的"令人扫兴"的体验，因为它结束了病人的生活中仅有的能让她感觉到自己"完整地活着"的部分。

其次，痛苦的、引发焦虑的拖延的目的也常常是产生一种明确的感觉边界，病人试图以此来定义自己。这个"截止日期"被提升到病人的情感生活中持续感受到的压力的位置，无论是否有意识地专注于此，病人可能每时每刻都能体验到这种感觉的存在。这些病人一方面把日益逼近的截止日期的焦虑描述为一种他们厌恶的，然而与此同时他们又一再地为自己制造出的压力："到期的日子好像是要用力推开的某种东西，就像矗立在我面前的一堵墙。"

在这种情况之下，最终到来的最后期限通常不仅不会给人带来短暂的解脱感，反而常常会让人陷入恐慌状态中。十分常见的是，一旦完成任务（通常是最后期限到来之前），这些病人就会生病，出现偏头痛、皮炎或者躯体妄想等症状。这些症状可以被理解为在没有最后期限的压力下，为了维持感官表面的体验而做出的替代性努力。

自闭—毗连态中的内化

如前所述，在一个心理领域里，如果个体几乎没有任何的内部空间，那么内化的概念几乎就变得毫无意义，尤其是当内化的概念（包括认同和内射）与意识和无意识的幻想（fantasy），亦即把另一个人的部分或者全部融入自己的幻想联系在一起时，更是如此。然而，心理变化的发生是源自自闭—毗连模式下对外部客体的体验，且这种变化部分地由模仿过程来调节。在自闭—毗连形式的模仿中，在其与外部客体关系的影响下，个体经历了他表面形状的变化。有时，模仿是个体在缺乏一个可以储存他人品质或某些部分的内在空间的情况下所拥有的保持客体特质的为数不多的几种方法之一（参见，E.Gaddini，1969）。由于在自闭—毗连模式中，被进入的感觉和幻想与被撕裂或刺破几乎是同义词，所以，模仿才能允许他人的影响在个体的表面得以发生。在病理性自闭中，这有时会表现为模仿别人说话或者没完没了地重复别人说的一句话或者一个单词[1]。

模仿作为一种获得自我内聚力的方法，必须与温尼科特（1963b）的虚假自体的概念区分开来。自闭—毗连模式下的模仿没有任何的虚假，因为它不是用来对抗，也没有用来掩饰或者防御，在其中有一些更加实在或者更真实的东西：并不存在内在和外在。在自闭—毗连模式下，个人本身就是自己的表面，因此模仿的行为可以看作个体在努力变成或者修复一个可供自我发展的有凝聚力的表面。

模仿不仅是一种感知形式、一种防御以及一种"保留"（被塑形）的方式，也是自闭—毗连模式中一种重要的客体关联形式。

在先前的一篇论文里（1980），我描述了我与一位住院的慢性精神分裂症患者的工作，他多年来一直生活在一个被剥夺了意义的世界里，他把人和事物都当作完全可以互换的事物来对待。当菲尔

---

1 意识到模仿在正常的早期发展——在"内化过程"的发展之前——中的重要性反映在费尼切尔（Fenichel，1945）的评论中［后来由欧金尼奥·加迪尼（E.Gaddini）还有谢弗（Schafer）阐述］，即在早期，模仿是感官知觉的一个重要方面。一个人通过自己的身体感受体验他人的特质，在以他者的形象创造（塑造）自己的过程中感知他人。

（Phil）躺在我办公室的地板上，或者被人护送着从一家医院"辗转"到另一家医院的时候，他心理上似乎已经死亡。他和我在治疗中接触的最初形式是模仿我的姿势、我的语调、我的每一个手势、我所说的每一句话，以及我做的每一个面部表情。那时的感觉与其说是把这个作为他开始进入到有生命力的领域而庆祝，倒不如说是对我对生命的感觉能力的攻击。我觉得我的自发性好像被粗暴地从我身体里抽离一样。我做任何事都感觉不自然。

当时我将此理解为投射性认同（参见，Ogden，1979，1982b，1983）的一种形式，在这种认同中，病人诱使我（传递给我）体验到了他自己的无生命感和不能自发的感觉，以及他没有能力以任何方式体验到自己活着的感觉。然而，我当时并没有充分将我在此提到的现象理解为自闭—毗连的现象，以至于没能体会到病人模仿我的症状的性质。他利用我作为次级皮肤或者容器，在那里他用一种原始的方式进行试验，来体验活着的感觉。他在向我表示，他要使用我的皮肤来进行这个实验，这实在是太高看我了。

温尼科特（1965）在写给迈克尔·福德汉姆（Michael Fordham）的一封信中，从治疗自闭症儿童的角度谈到了模仿作为一种客体关联的原始形式所扮演的角色。

我认识一个自闭的孩子，他在一种非常聪明的理解下被治疗，而且他表现还不错。但是治疗的进程是第一位分析师开始的，然而奇怪的是，我从未能够让第二个分析师认识到我所描述的事情的重要性。第一位分析师——米达·霍尔（Mide Hall）博士——去世了。

霍尔博士找到了这个在正常情况下患上了自闭的男孩，和他一起坐在房间里，通过模仿这个男孩所做的一切建立起了一种交流。他一动不动地坐上一刻钟，然后移动自己的脚，她也移动自己的脚；他移动自己的手指，她也跟着模仿，这样进行了很长一段时间。从这儿开始，一切都显示出发展的迹象，直到她去世。如果我能让聪明的分析师参与到所有这些中去，我想我们现在可能已经找到了一种治疗方法，而不是忍受那些令人发狂的案例——治疗师已经做了很多好事，每个人都很高兴，但孩子并不令人满意。（Winnicott，1965，pp.150-151）。

自闭—毗连模式下的模仿绝不仅限于病理性儿童自闭症患者、边缘状态或者精神分裂症患者。在受训的早期，治疗师通常会尝试模仿自己的导师或者自己的治疗师，以掩饰自己作为治疗师的身份缺失的事实，这是很常见的。一位治疗师描述了这样的体验，当他和病人在一起的时候"使用了督导的皮肤"。当第二个督导对受训治疗师的工作感到不满的时候，这种"皮肤"感觉被完全剥掉了，这让受训治疗师感受到了一种"赤裸"的痛苦。然后，他会立即尝试"穿上第二个督导的皮肤"。在治疗过程中，这个病人模仿他自己的病人，通过把他们的困难当作自己的困难，以此来避免让他意识到在他说话时没有他自己的声音的感觉。而且，病人拼命地试图让治疗师做解释和给出建议，这既可以作为他自己的想法和情感替代品，同时也可以作为他所能感觉到的自己的声音的一种替代。

自闭—毗连样的焦虑和符号的约束力

正如本篇和上一章中所讨论的，产生体验的三种模式——抑郁、偏执—分裂和自闭—毗连——都代表了体验产生的辩证过程中的一极。精神障碍可以被看作体验模式之间衍生性辩证交互作用的崩解（参见，Ogden，1985b，1986）。倾向于自闭—毗连模式的崩解产生了在封闭的身体感觉系统中的一个专制的牢笼，从而阻碍了"潜在空间"的发展(Winnicott，1971a)。倾向于偏执—分裂模式方向的崩解，会导致一种被困在一个事物自身中的感觉，在那里一个人无法把自己当作自己想法和感情的主体来体验，相反，思想、情感和感觉被体验为客体或者力量，轰击、进入自己或者被从自己身上推开。倾向于抑郁模式下的崩解则导致主体会远离自己的身体以及当前和自然的实际生活的体验。

在前一章中，我们开始讨论抑郁、偏执—分裂和自闭—毗连模式之间辩证交互作用的多样性和复杂性。在此，我想就各种模式交互作用的一个部分另外提出一些看法。自闭—毗连模式和抑郁模式有一种相互渗透的形式，通过这种形式，自闭—毗连态的感官界限，以及抑郁态的象征形成能力、历史感和主观性能力，共同促成了一个大于其各部分相加总和的整体。在这种相辅相成的交互作用缺席的情况下，就会产生特定的精神病理学形式。接下来我就要将讨论的中心转移到这些病理学形式上来。

　　抑郁模式和自闭—毗连模式的脱节会导致个体的心理状态要么疏远，要么陷入自己的感官体验里。在前一种情况下，个体防御性地试图使用观念、言语或者其他形式的正确象征形成（Segal，1957）来作为一种根植于感官主导的体验基础之上的内部感觉的替代物。这种疏离个体感官体验的形式可以用下面的临床案例来加以说明。

　　D 先生是一个极其聪明的哲学系研究生，在他 25 岁的时候开始接受分析。他告诉我他无法体会性欲的感受是什么。当然，病人也听过别人描述这种感觉，但是他无法从自己的经验中了解性兴奋是怎样一种体验。他也可以花时间努力地和男同学女同学一起交流，但是他无法感到他做的任何事情是"自然的"。事实上，在他的生活中，没有什么是自然的，除了他在划皮艇的时候，他可以完全放松，而且以一种不自觉的方式"随波逐流"。

　　在这个案例里，既没有自闭—毗连模式也没有抑郁模式的缺失，但是彼此之间好像变得脱节了。D 先生总觉得自己像个客人。坐飞机旅行是他另一种难得的放松机会：他知道自己既不适合所离开的地方，也不适合自己要去的地方，但至少在飞行的整个过程中，他觉得自己不那么痛苦。只有在产生体验的自闭—毗连模式和抑郁模式之间生成性的交互作用中，一个人才能创造出一种感觉，即他在"事物的秩序"中有自己的一席之地，并且能够以一种感觉自然的方式去行事。

　　就 D 先生而言，自闭—毗连模式和抑郁模式的辩证交互作用的崩溃——他的案例中朝向抑郁模式的崩溃——导致了一种僵化的防御和贫乏的心理状态。这种状态可能被认为是分裂性的（Fairbairn，1940）或者是一种"非情感性状态"（McDougall，1984）。或许对D先生的心理状态最好的描述应该是一种"感觉解离状态"。

产生体验的自闭—毗连模式和抑郁模式之间的辩证关系，也可能朝向自闭—毗连模式的方向崩塌，这导致感觉失陷在几乎完全无法被符号调节和说明的感官世界里。很多年以前，我无意中发现了一种为自己构建这种从抑郁模式到自闭—毗连模式脱节的方法。一天晚饭后，当我还在餐桌前坐着的时候，我突然意识到餐巾（napkin）这个词是由"午睡"（nap）和"亲戚"(kin)这两个词组合而成的，这是多么奇怪。我一遍又一遍地重复着这两个发音，直到我开始感到非常恐惧，这些发音与我所看到的这个东西一点关系也没有。我不能让这些声音自然而然地"意味着"它们在几分钟前就意味着的东西。这种连接被打破了，令我感到恐怖的是，这似乎仅仅靠意志行动是无法修复的。我想，如果我愿意的话，只要我一次又一次地用这种方式逐个去思考它们，我能够做到摧毁任意一个语词"意味着"某些东西的力量。在这一点上，我有一种特别令人不安的感觉，我貌似发现了一种可以让自己发疯的方法。我想象着世界上所有的东西对我来说都会像那张餐巾一样变得支离破碎，因为它已经和曾经的命名之间断开了连接。此外，我觉得这个词可能会完全脱离世界的其他部分，因为所有其他人仍然共享一个"自然的"（即仍然有意义的）词汇系统。这就是体验的辩证关系朝向没有经过象征物调节的感官主导体验崩塌开始时的特点。过了好几年，"餐巾"这个词才以完全无意识的方式重新进入我的词汇表。

个人的自我体验深深地根植于感官和象征之间的辩证交互作用之中，这一点在语言学师生的精神分析工作中是高度可见的。当这些病人解除语言附带的力量时，他们常常体验到与自己正在解体的感觉有关的濒临疯狂的焦虑状态。每个我遇到的这样的案例，都会导致病人至少暂时需要离开语言学的领域。

小　结

在本章中，自闭—毗连态已经被提出作为一种概念化的心理结构，这种心理结构要比偏执—分裂态和抑郁态更加原始。自闭—毗连模式被定义为一种体验产生的感官主导的和前象征模式。这种模式很好地提供了一种衡量人类体验的有界性和个人体验起源的标准。这种模式下的焦虑包含了一种对界限消失的难以言说的恐惧，这种恐惧会使人产生泄漏、掉落或融入无边无际的无形空间的感觉。本章就防御的主要形式、体验的组织和体验定义的方式、与客体的关系类型以及自闭—毗连态心理变化的途径，进行了详细的讨论并做了临床上的说明。

第 4 章

精神分裂状态

……或是听得过于投入而致一无所闻的音乐，但你就是音乐。

——T.S.艾略特，《干燥的萨尔维吉斯》

自费尔贝恩（1940）发表其先驱著作《人格中的精神分裂因素》以来，时间的轨迹已经走过了半个世纪。我相信现今我们对精神分裂现象的大部分理解都能在那篇经典论文及后续的三篇（1941，1943，1944）中寻到踪迹。然而，过去二十年分析思想的发展要求我们重新审视我们对精神分裂人格的定义。继续维持费尔贝恩和后来的克莱因（1946）的观点——精神分裂的结构代表了绝大部分人类原始心理结构——将再无可能。在本章中，我提出，自闭—毗连现象可以被看作精神分裂人格结构的"软肋"——或原始边缘。

我将通过描述当我提到精神分裂症时脑海中浮现出的场景来开始这一篇章。第一个要呈现的画面代表了我本人对费尔贝恩和克莱因思想理解的精华。虽然费尔贝恩和克莱因的超心理学有着基础上的不同，但我发现这些分析家在对精神分裂体验的现象学上的认识却是一致的。随后，我们还将讨论温尼科特和冈特里普（Guntrip）

对精神分裂症的相关论述。最后，我将论述对一名精神分裂症患者的分析，以证明对精神分裂现象的分析思考方式必须伴有对产生体验的自闭—毗连和偏执—分裂模式之间互动性质的理解。

精神分裂现象

精神分裂患者[1]在很大程度上已经从与整个外部客体的客体关系退缩至一个与内部客体的有意识和无意识联系的内部世界。这些幻想的客体关系被引入一个严重依赖分裂和投射性认同的防御模式的全能的精神世界。这是一个英雄和恶棍的世界，一个迫害者和受害者的世界；一个在其中客体联结常常令人上瘾，而所爱的客体总是那么撩人又难以得到的世界；一个内向投射无所不知，而且坚定地

1　精神分裂症一词在本章中是指围绕附着于内部客体之上的自体潜意识防御组织起来的所有人格特征。当这一普遍性的人格维度出于防御的目的而过度增大时，它将形成一系列的精神机能障碍的基础，包括精神分裂症和自恋型性格障碍。精神分裂症代表精神分裂人格结构的对立面，前者代表人格的破裂（无组织性），而后者代表基于稳定（虽然常常僵化）的内部客体关系之上的一种心理凝聚形式。

引领着对个体的幻想和实际行为的严格叙述的世界。对这一个体来说，外部客体完全被其内部客体世界的移情投射夺去了光辉，以致外部客体的特征几乎难以分辨。

到了外部世界被移情投射遮掩的程度，个体就不能从体验中学习了。所谓当下只是过去的再现，在这一过程中，外部客体则是一个无休无止的内部戏剧[1]的再创作的道具。当一个外部客体不再遵守病人的潜意识的规划和指导时，否定、蔑视、夸张、认知曲解或情感退缩就会被用来将外部客体体验的影响降低到最小。结果就是，个体对世界的体验保持不变。他潜意识中知道自己是困在他内部戏剧中的演员，从而体验到深刻的无用感和空虚感。

精神分裂症患者的空虚感不仅是孤独的空虚感，它还是对其意识之外的所有事物的无根据、不踏实的空虚感。它是一种虚构自体的空虚，因为它与主体间的人类体验并无联系，而只有通过这些体验，自体才能通过他人的认同获得自我的真实感（Habermas，1968；Hegel，1807；Kojève，1934—1935）。精神分裂症患者被自己的内部客体关系"占据"，并沉浸其中。同时，这些关系本身又是不真实的，导致情感的贫乏状态。这种状态类似于婴儿的反刍，

1　在费尔贝恩（1944，1946）看来，对内部客体潜意识依附的稳定性是每一个个体人格结构稳定性的主要来源。对内部客体的潜意识依附是将所有人格结构黏合到一起的"胶水"。从这个意义上讲，精神分裂症的患者"胶水太多"，他的内部黏附过于紧密，以至于几乎完全阻止了外部客体的情感进入。但是，在极端情况下，心理能量不只从外部客体关系，也从内部客体关系中被撤回。结果就是灾难性的"自我迷失"（Fairbairn，1941，p.42）——也就是精神分裂自我组织的坍塌和精神分裂症的开始。

即将同一食物咽下，又返流咀嚼然后一次次反复再咽下。在这一过程中，食物的营养价值被耗尽，虽然婴儿的口腔和胃里都是满满的，但还是会被饿死。

我相信，到现在为止所讲的内容费尔贝恩和克莱因都会完全赞同。费尔贝恩对精神分裂现象进行分析理解的杰出贡献之一，就是他对精神分裂焦虑的性质的解释：抑郁性焦虑以害怕失去客体的恐惧为核心，这是对客体的毁灭愿望的结果，而精神分裂的焦虑则是以害怕个体所爱对客体有害的恐惧为基础（Fairbairn，1940）。既然我们正在讨论最早的人类关系——母婴关系，那么婴儿的爱应当被理解为与婴儿和母亲在一起及需要母亲的方式同义。这种两难处境将会是一种灾难，因为婴儿感觉到他所获得的任何自体感——无论多么简单——恰恰就是会毁灭他所完全依赖的客体的那种力量[1]。

在对精神分裂状态的此种理解之背景下，我将聚焦于精神分裂人格的最原始的感官主导部分，一个在克莱因或费尔贝恩的研究中几乎从未触及的体验维度。我将指出，精神分裂状态是一个两面派：一方面伴着恐惧和渴望朝向病人全能的幻觉/幻想所不能触及的外部客体世界；另一方面则朝向一个比克莱因和费尔贝恩预期的与内部客体世界相联系的感官主导状态更原始的感官主导状态。后者是精

1　克莱因（1946，1948，1952b，1955）将精神分裂焦虑理解为遭受外部分裂和幻想投射的先天毁灭性冲动（来自死本能）的副产品，因此创造出一个迫害性的客体世界。这种过度的分裂和发泄会对自我的整体性产生一种威胁，并被体验为一种即将到来的灭绝。如果自我的分裂达到一个顶点，就会产生偏执—分裂精神结构的崩溃，继而精神分裂症的解体。

神分裂体验不可言喻的软肋，在其中，幻想为前象征性的、感官主
导的体验让路。

温尼科特和冈特里普的贡献

　　在本部分，我将简短地论述唐纳德·温尼科特和哈利·冈特里普
的研究，我把他们与费尔贝恩和克莱因一同视为对精神分裂现象进
行分析性理解的建筑师。温尼科特和冈特里普的论述将以他们对以
感官为基础的体验结构概念的开始之研究为中心，这种体验结构比
克莱因的偏执—分裂态的概念或费尔贝恩的精神分裂结构的观点更
原始。

温尼科特

　　温尼科特的工作同时改变了克莱因理论和费尔贝恩理论中与早

期心理结构概念和精神分裂现象相关的概念。首先，在温尼科特的理论中，心理发展的单元不是婴儿，而是一个主体间的实体，即母婴单元体（Winnicott，1952，1956，1971a）。其次，温尼科特用一种不同种类的人格分裂概念取代了克莱因理论和费尔贝恩理论中的自我和客体分裂的概念（继之以对内部客体世界的详细阐述）。对温尼科特（1960b，1963b）来说，人格的分裂包括自体（真实的自体）的初步经验与自体的顺从的、外部导向方面（假自体）的疏离。自体的后一方面在温尼科特理论中等同于人格的精神分裂部分。

温尼科特（1963b）表明，最初，婴儿所在的空间并不是一个克莱因理论意义上的"内部的"（p.185）世界。"'内部'只是意味着个人的，而'个人的'并不意味着单独的。"（1963b，p.185）真实自体是这样一种可能性，即起源于在与作为环境的母亲之间关系这种背景下体验到的最早身体感觉："真实自体来自身体组织的活力和身体机能的运行，包括心脏的跳动和呼吸。"（1960b，p.148）这一阶段的婴儿世界并不是一个外部和内部客体关系的世界，而是一个"基于身体经验的纯现象"世界（1963b，p.183）。温尼科特认为，即使婴儿不能独立支撑其自身的原始心理结构，这种自体—结构（它最初只是一种感觉）也会存在，因为它是由母婴单元体创造的："当个体刚开始有心理组织的时候，真实自体就出现了，它的意义并不比感觉运动活力的总和大。"（1960b，p.149）

通过这种方式，温尼科特为人格的一方面（比克莱因或费尔贝恩的内部客体世界更原始）赋予了概念，在这一方面中，有一个最基本的自体感觉的前象征性、非防御性的独立体，它以身体经验为中心。这种早期的心理结构完全依赖于促进性环境中的母亲的支持。在依靠过渡性现象的经验进行发展的过程中，这一状态中的母性支持部分将被婴儿取代（对这一过程的论述，参见 Winnicott，1951，and Ogden，1986）。

冈特里普

冈特里普（1961，1969）对温尼科特和费尔贝恩的理论进行了整合和发展。他提出，在每一个体的早期发展过程中，潜意识自我的一部分 [费尔贝恩（1944）"力比多自我"的分裂部分] 退化成为一种绝缘的、类似子宫的状态。个体这一退化的方面成为人格结构固定不变的部分，并与自我客体相关的较多方面关系紧张。由于深刻的退化和绝缘，人格的这一方面在精神分裂人格中比在更加成熟的人格结构中要广泛得多。"在这种退化状态中，好客体的位置被好环境取代，并且有一种深刻、模糊但是十分明确的、感觉'在某种物体内部良好而舒适'的体验"（1961，p.435）。这种退化状态的独立体，为自体的个性特征出现提供了安全和可能性，但同时也有永远失去与外部和内部客体之间联系的危险。与外部和内部客体世界的永久失联意味着面对失去自我的恐惧的危险，它被体验为一种即将来临的窒息感。作为对在退化的类子宫状态中无可挽回地失去自我的防御，内部客体世界至关重要。因此，内部客体关系中的精神分裂结构被冈特里普视为外部客体关系和原始的无客体状态的中间地带[1]。

我将通过引用迈克尔·巴林特（Michael Balint，1955）的一段论述来结束本部分。巴林特非常清晰和精确地捕捉到了费尔贝恩和克莱因理论中原始体验概念的局限性，同时介绍了一种至关重要的新方式，以描述温尼科特和冈特里普著作中提到的早期身体体验。

事实上，我们所有用以描述早期精神生活的技术术语都来自客观现象和/或"口头"范围的主观体验，例如贪婪、合并、内向投射、内化、部分客体，由吸吮、咀嚼和撕咬造成的破坏，根据吐痰和呕吐的方式进行的推测，等等。这实在是令人悲哀，我们几乎完全忽视了通过利用其他方面的体验、表象和含义创造理论观点和技术术语来丰富我们对这些非常早、非常原始的现象的理解。除了已有的研究，这些方面还包括温暖的感觉，有节奏的声音和运动，被抑制的难以辨别的哼唱，来势汹汹不可阻挡的味觉和嗅觉、身体亲密接

1　冈特里普把退化的利比多自我等同于温尼科特的真实自体——"存于冷库中，直到它能获得第二次机会得以再生"（Guntrip，1961，p.432）。我认为冈特里普对费尔贝恩和温尼科特理论的整合是他所有工作中最不令人满意的。它基于元心理学的混合，这造成一系列理论的混淆。在费尔贝恩（1944）的思想中，利比多自我是从处于与令人可望而不可即的撩人客体之间不令人满意关系之中的自我分裂出的一部分。对客体的附着令人上瘾，而且影响完整的客体关系和真实自体感的实现。因此，冈特里普的"整体"有着理论上的矛盾，因为它坚持真实自我（个体个人特征和真实感的核心）源于利比多自我——以一种从根本上病理性的形式附着于不可触及的内部客体之上的人格的一部分。

触、触觉和肌肉（特别是手部）的感觉效果，以及任何及所有在激
起和缓解焦虑和怀疑、幸福的满足感以及可怕的、令人绝望的孤独
感方面无可否认的力量。（p.241）

本章以及前两章代表了一部分对巴林特（1955）提出的向精神
分析思想"挑战"（p.241）的回应。

临床例证：如果把一棵树放进森林中

下面，我将描述对一个病人治疗的一部分。在精神分裂症的内
部客体关系与作为其沉默对应面组成部分的无客体的、由感官主导
的世界之间的关系方面，它教会了我很多。

N 女士是一个 23 岁的研究生，因为造成严重后果的间歇性焦
虑发作和长期感到"看不到活着的意义"而前来就诊，最初有些不
情愿。

病人第一次前来会见时打扮得非常朴素。她穿一件灰色的 T- 恤
衫和牛仔裤（这是她随后几年的会见中的一贯穿衣风格），她的头
发短而浓密，没有清洗。N 女士并没有化妆，而且后来表示那样会
让她感觉像个小丑。她的态度敏感、无礼并带有嘲讽。这位病人从

未直视过我，而只是在进入或离开办公室时用眼角偶尔偷瞄我几下。第一次会见时，N女士告诉我，我办公室墙壁的颜色给她一种在冰窟的感觉。

在最初几个月的分析中，N女士戒备心很强，她反复对我说，她有多么不喜欢咨询，她觉得整个过程多么荒谬，她从中得到帮助的希望多么渺茫，以及她觉得和我有多么疏远。在这一阶段，经常会有沉默发生，如果允许它继续的话，这沉默会持续至整个会见结束。这是一种紧张性的沉默，病人表示感觉"痛苦难耐"。N女士谈到，因为我们"无所作为"而产生的无助，她感觉就像"溺水"一样。

经验告诉我，这种沉默会成为一种使精神分裂症患者产生绝望的有害因素，从而导致他们退缩回一种逐渐严重的孤僻状态。我假设（部分地基于我在沉默过程中对孤独的紧张感的反移情体验）案例中的这种沉默代表了内部客体关系的病态运作，包括母亲和婴儿之间彼此都感到对方不能理解各自孤独的痛苦。在这一假设的基础之上，我定期地和N女士讨论我对我们之间发生事情的看法，并明确表示那只是我自己的观点，我也可能是完全错误的。我的做法换来了病人不断地翻白眼，以表示不相信我竟如此愚蠢。偶尔她也会勉强承认我说的可能有那么一丁点儿道理，然而随即就会问，那么一点点至理名言对她有什么好处。

有时候，这种形式的互动感觉起来类似于对一位阻抗的，但是完整的青春期病人进行咨询（我认为青春期反抗常常是在积极的和消极的俄狄浦斯情结的移情中的一种对爱和性的感觉的防御）。然而，这并不是我对在 N 女士分析中所发生事情的主要感觉。在最初几年的咨询中，N 女士在初次咨询中所提到的在冰窟的感官在我脑海中反复出现。只有当我感受到自己在病人身上发现一些鲜活东西的强烈需要时，我才从她的身上得到了某种自我满足，这不断地提醒着我，我正在治疗的是一个还没有成功地成为一个人的人。

经过头两年的分析后，N 女士开始逐渐地向我透露了零零碎碎的个人信息。她以一种不经意的方式谈起，以否认某一记忆或最近事件在她生命中的重要性。可能对病人来说，更重要的是掩饰她渴望我了解她的需要。N 女士的母亲被描述为"一个大写的 N"。她是一个特别"注重实际"的人，坚信人们可以获得自己想要的东西，而人们遇到的任何困难都是某种形式的自我放纵。在对母亲的描述中，几乎从未有过有关感情的字眼。病人说到，她曾经无意中听到母亲对朋友说她小时候并不是母乳喂养的，因为那看起来"不卫生"。人们可以将玻璃奶瓶的橡胶奶头用沸水消毒，但是在母乳喂养中，却没办法杀死细菌。

N 女士将她的父亲描述得好像他是别人的父亲。她说他喜欢玩老式跑车，他有一打那样的跑车。他把所有的业余时间都花费在修理和"擦亮"它们上。病人说，她小时候常常幻想她的父母不是她的亲生父母。她想象自称是她父母的人其实是外星人，他们悄悄取代了她亲生父母的位置并假扮他们。她会在大脑中设计一些问题，这些问题是关于她过去与亲生父母在一起时的简短细节，只有他们才知道。

病人有个哥哥，对 N 女士来说，感觉他就像"公寓中居住的另一个房客"。他看起来好像知道如何在任何方面取得好成绩，擅长体育，等等。"但是他并不在那儿，而他自己看起来并不知道这一点"（这个病人对家庭的描述就像我曾听到的其他精神分裂病人的描述一样。我并不能在脑中将一个被描述的人的图像保持太长时间。例如，我经常会忘记这个病人还有个哥哥。对这个病人来说，那些形象在她的生命中并未"活起来"，就像他们没有在她对他们的体验中活起来）。

N 女士对她当前的生活讳莫如深。例如，她因为住进了一间新公寓而非常开心，而我在一年后通过她遗漏的一点暗示才得以知晓。而在她告诉我她正在攻读比较文学的博士学位之前，又已过去了两年的时间。

这位病人是一个过着非常孤独和乏味生活的研究生。她去上课，却与老师和同学几乎没有交流，她把大部分时间都花费在了大学里的各个图书馆里。在主图书馆的地下好多层（她从未告诉我到底是多少层）有一个小的学习隔间，是她"在这世界上最喜欢的地方"。它有着独特的老旧图书的味道，有其特有的不随日期和季节改变的凉爽，还有其独特的光照，使其"即使有灯光也看起来是全黑的"。

在此我需要强调一下，虽然我把从病人那里得到的信息以流利陈述的方式在此呈现，但当信息由 N 女士传递给我时却并非如此。在此过程中的痛苦无法言喻。病人会犹豫地告诉我一个故事的片段，显然是要看我是否会抓住不放。如果我表现出令人满意的克制，可能会在几天或几个星期后得到故事的另一部分。但如果我打算问一个问题，病人就会规律性地陷入五至十分钟的沉默，然后给我一个她精心设计的答案。不过她经常是根本不回答的。我偶尔会问及她在我提问后的沉默中的感想和感受，N 女士会告诉我她什么都没想或她在思考我的问题。在我看来，常常是这样，不管我多努力，自己已陷入了这样一场斗争，即最先表现出向对方要求愿望的那一方为失败者。在这场游戏中，我是一个在和大师对抗的新手。

最后，我告诉 N 女士，我认为有很多她不能告诉我的是她自己无法控制的。但是，我怀疑有一个空间，无论有多小，在其中她有意识地选择哪些是能告诉我的、该如何告诉我以及该何时告诉我。我建议她将做选择的过程用语言表达出来或许有帮助。我又补充说，我怀疑如果她告诉我，她可能会有屈服的耻辱感，她可能会有像把自己生命中珍视的那点东西冲到下水道的感受。

在对我的评论进行回应时，N 女士说到在四岁或五岁，也可能是六岁的时候，她无意中听到姨妈向母亲问了一个令她恐惧的问题。她的姨妈问她的母亲，如果没有人听到，森林里的一棵树倒下时会不会发出声音。N 女士说，她想到自己独自在森林中叫喊却不能发出声音的画面。这一影像令她如此恐惧，以至于她因为害怕独自在房间中醒来而不敢去睡觉。我理解 N 女士的回答，这是她潜意识地在向我解释，每次她和我说话时都会面临重回儿时那令人恐惧情景中感受的危险。

在 N 女士咨询的第三个年头，我逐渐意识到与她在一起时体验到的一种特别的紧张。我感到尴尬、不自在和自我关注，是与其他长程咨询的病人在一起时很少有的感受。莫名地，好像是我作为咨询师的一般行为方式过于僵化或不适合她。在她旁边我常常感觉自己在努力屏住呼吸。当我开始逐渐意识到这一系列的反移情感受，并开始按照投射性认同对其进行理解时，我对 N 女士说，我们两人一起待在这个房间里，对她来说，肯定感觉像患有不同传染病的两个人一起被关在一个小而不通风的房间里（我想起了她母亲关于乳房污染婴儿和婴儿污染乳房的幻想。在那个幻想中，构成身体正常组成部分的细菌被体验为对他人构成了威胁，我同时也对自己在这个病人身边不得不屏住呼吸的幻想做出了回应——或许这种幻想反映了我潜意识中害怕会呼出自己内部的细菌或吸入她的）。

当 N 女士更多地谈论她在图书馆中的秘密空间时，她开始提到词语、语言和书的魅力，这些在她有记忆的生命中扮演着重要角色。儿时，她花费了无数的时间建造出一个被词语、新词、双关语、字谜、韵律、同音异义词等环绕的精致幻想。她尤其喜欢在学校中学到的一个游戏，人们将听起来像或就是格言警句的词语打乱重排之后，用其寓意编一个故事。她从七岁开始就以读词典为乐，并记住那些深奥难懂的词语和词语的古典用法。

童年时，她几乎会在社区公共图书馆里花费整个下午的时间阅读"一排又一排"的图书。主题对她来说根本不重要。她说，有人可能会认为她会变得知识渊博，但实际上她几乎没记住任何读过的内容。那些故事和情节她读完就忘，就像它们掉进了一个巨大的深坑中。她解释道，很多时候当她第二次读一本书时，只有在读到末尾时才会意识到之前读过。这让她想起之前读过的那本书的不是书的所有内容，而是某些被撕坏或丢失的书页，或者她记得的书上的标注。乐趣在于"阅读的感觉"，这是脑海中的一个声音，一个温柔的、几乎感觉不到的哼唱和嗡嗡声，"就像一盏荧光灯"。

再一次，N女士以一种我没太注意到的随意方式提到，九岁时，她发现了地下室里的"宝藏"——一个箱子，里面装满了她认为是父亲收藏品的老式来复枪和手枪，以及一些子弹和两把"内战式样"的刀。她说到，这一发现令她非常失望，但她从未对任何人提及。就好像父亲的秘密"军火库"将他变成了另一个人。她说自己曾经观察他的面孔，以期能不能从他的眼睛或面部表情中发现他隐秘的那部分。

在这一时期的分析中（这时已经是第四个年头了），一种平静的感觉逐渐扩展开来，这使人想起交战双方休战的场面，此间过去的每一小时都伴随着希望，同时也伴随着这一平静可能持续多久和在危险幻觉的影响下个体能否正常运转的问题。在分析的这一时段，病人花费在图书馆中的时间大量减少，她与同学之间的关系有了很大进展，并经常和他们一起在主阅览室中学习。她的小隔间已成为她可以退缩的空间，而不再是她生命的中心。

在对我讲述过在地下室中发现箱子的事几周后，一次咨询时，她表现得很激动。一开始她就指责我对我们的会见偷偷录音。她对我感到非常愤怒，并感觉被深深地背叛了。我问N女士，是什么东西使她害怕。她说不知道，但是任何东西都令人恐惧，她的大脑已不受控制。整个周末，她都没有离开公寓，而且害怕让任何东西进出。她关闭了电话、收音机和电视。N女士说，因为害怕被下毒，除了瓶装水，她没有进食任何东西。她同时也害怕大小便，想象如果去大小便，自己会在卫生间看到血和肠子。

　　我告诉她，她认为自己的内部、外部都不安全，她感觉自己唯一能做的就是把外部的排除在外，并把内部的保持在内。N女士说，事实正是如此，她被这些努力搞得精疲力竭，觉得自己坚持不了多久了。她告诉我，图书馆中的小隔间"正在失去作用"。在过去的几周中，她意识到这一变化，但她之前没想告诉我，因为那会让这一变化显得更真实。

　　待在图书馆中的小隔间时，病人开始感到害怕。她第一次开始担心其他人可能会把通往她这层的门锁上而把她困在里面。他们可能会把灯关上，而她会被饿死在里面，却无人知晓。她无法拂去自己在课桌旁逐渐腐烂的可怕画面，她说自己去小隔间这么多年，从来没有过自己会被锁在里面的念头。

　　在我看来，N女士所描述的是许多互相联系的不同种类的恐惧。我将病人在图书馆隔间中的体验视为处于一种自闭形状主导的世界中的体验——一种自我抚慰，几乎是完全隔绝的、去象征性的感官世界，其中几乎没有任何自我。她存在于那儿（或者可能更准确地说是并不存在），脱离时间和空间。她通过对完全可预见的（精神上的）阅读声、书籍气味、皮肤感受到的凉爽空气，以及对光亮的身体感觉，所有这些从不改变的东西的依赖，保留了薄薄一层的存在。这是一个从人类关系的起伏变化（不可信赖的）中脱离的世界。

　　虽然这一自闭—毗连世界正逐渐在她生命中缩小，但是N女士却完全依赖它，将它作为一个可以退缩的地方。在那个我认为被描述为她感觉是很长时间的一小时中，我告诉她，她自己就是她初次咨询时提到的冰窟。这不是一个她是住在冰窟还是其他任何类似地方的问题：她就是冰窟本身。最初在其内外并无任何东西——只有一个洞。我继续说道，我认为经过前几年的治疗，在洞的内外开始有了生命。第一次（不管怎样），她可以感觉到被自己困住的恐惧，特别是在过去的几周，看来她已经开始感觉到那个洞是她可能会死亡和腐烂的地方。然后，N 女士说到，被自己困在图书馆书库中的想法，就像作为一棵被放进森林中的树，她发出的任何声音都没有声响。

在我看来，虽然极其令人恐惧，但 N 女士正在经历的错觉和迫害焦虑却是发生在一个声音可以被听到的世界。病人在过去几周试图在她的公寓中创造一个自闭的孤立世界，但是她利用这种方式保证安全的企图却失败了。迄今为止，一种过多的自体感使得她遁入一个纯感觉世界，而不会受到外部和内部客体的阻碍。她被困在了一个客体世界中（我将这种迫害幻想视为在努力抵抗表现为对腐烂、泄露和内部脱落的恐惧的自闭—毗连焦虑时，为坚持内部客体世界做出的潜意识努力）。在分析的更早阶段，并没有病人可以体验那种在洞中孤独感的心理背景，因为她就是那个无生命的洞窟。同样，也没有可能被困住，可以腐烂、死亡、泄露等的有生命的自体感。在之前描述的阶段之后的咨询中，我们对所有这些都进行了讨论，用的是除了那些技术术语之外，和我在此处使用的一样的词语。

随后一年的分析工作很具有"可控的精神病"的特点。在此期间有很多次的中断，病人沉浸于一系列幻觉中。但是，她却能够使这一精神病的程序不干扰她正在发展的与教师、同学和她在系里作为助教所教授的学生之间的关系。在我看来，这种可控的精神病体现出，病人在分析中正在体验她在童年中并未体会到的长期的精神错乱（参见，Winnicott，1974）。童年时期的精神错乱因为防御性地退缩进一个自闭形状的世界（例如，阅读的"声音"）而被阻止了。这一阶段的工作是在一个部分客体关系的、象征等同、分裂、全能的思考、投射性认同和迫害焦虑的、以偏执—分裂为主导的背景下，病人的自闭—毗连焦虑"再工作"的阶段。

N 女士接下来的梦境就例证了病人潜意识中在一个更加具有象征性的基础的、客体相关的心理背景下与腐烂的恐惧（一种自闭—毗连类焦虑的表现形式）进行搏斗的努力。

在强烈的暴风雨中，N 女士公寓的墙上和房顶都布满了外面漏进来的雨水。病人惊恐地发现，她视若生命的一本书已被雨水吞没。当她把书捡起，看看能否把它弄干时，书却在她手中散成一块块的。她在恐慌中醒来。

病人能够以她对内部腐烂和皮肤腐败的恐惧（此时已经很熟悉）的角度来谈论这个梦境。她还可以理解多年来她感觉到这种灾难在月经期间确实会发生（她的月经在 19 岁时停止，而在她讲述这个梦之前 6 个月时又来了）。N 女士说，人生中第一次，她感觉到她的胃在自己的身体里。过去，她在胃的那个位置的腹部感觉不到任何东西。她猜测那就是她为何不能确定它会待在应在之处的原因。

在再工作过程中，有着包括抑郁模式在内的所有三种体验模式之间的复杂互动（抑郁模式在病人观察和理解自己的情形和梦境体验的能力中部分地得以体现）。体验模式的互动发生了重要转变。而在分析的最初几年，存在有力的证据证明体验从自闭—毗连和偏执—分裂模式中产生，每一种模式都在使病人不仅孤立于与外部客体的交流，也在孤立于意识和潜意识中的内部对话方面起了作用。包括病人的可控精神病在内的再工作反映了由病态增大的自闭—毗连防御（为阻止自体体验的发展和体验交流符号的形成），向逐渐成为病人自体感的感官基础的自闭—毗连体验形式的转变。后者是前象征性的（与去象征性相对），并且允许病人在感官主导的自体体验和在象征符号及与外部及内部客体关系中更为基础的自体体验形式（比如偏执—分裂和抑郁模式的体验）之间开始辩证互动。

　　当咨询继续时，N 女士告诉我——带着内疚的紧张感和害怕我恨她的负罪感——她骗了我。她说她根本不是"偶然发现"了父亲地下室中的箱子。当时她是在翻腾父亲衣柜抽屉中的钥匙——这显然是他"私人领域"的一部分——以便找到她想要的钥匙。而且，在发现箱子里的东西后，她并不是像她告诉我的那样害怕地退开了。实际上，在几年的时间里，她都有规律地"造访"那个箱子，以检查和处理里面的东西。她并没有被父亲的秘密吓到，而是因此感到兴奋，并想象她，她自己，发现了他"幼稚的灵魂"。她曾经很珍视这样一个念头，即他有这样的秘密，简直和自己太像了。N 女士感觉他肯定也有自己隐秘的内部世界。在随后的咨询中，当她回到这个主题时，她又补充道，对她来说，那个箱子是她性冲动的来源，与枪支、刀和子弹有关的感觉和形象是她手淫幻想的常有内容。

　　N 女士说，她现在感觉她对父亲隐私的闯入相当于一次"强奸行为"。她告诉我，她常常将我体验为一个像她父亲一样的受害者。在她看来，我完全没有意识到她迂回曲折地侵入我的那些方式，就像她现在觉得她真实地侵入了父亲一样（在这里我听到病人对我有性兴趣的内容，她希望我发现她的性兴奋。这些愿望部分地通过她的举止和穿衣风格上的变化表现出来）。病人说，她从来没有成功地侵入母亲，就像她"永远不可能找到一个内里去进入"。病人说她感到当她如此描述母亲时，她像为自己难过那样为母亲感到难过。

这引导着病人开始谈论我被她如此冷酷地对待了这么长时间，该有多孤独。她说在几年的时间里，她感觉我在试图乞求她打开，却又表现出完美的迟钝，其实是她自己试图侵入我，却又顽固得像电影《2001》里的巨石（侵入另一个人，这种想法的性意味在此并未被直接提出，但在后面会成为分析的核心焦点）。

在之后几星期的一次咨询中，N 女士径直走入我的办公室，递给我一本平装的福克纳（Faulkner）的《喧嚣与骚动》。她说，就如我很清楚的那样，她讨厌"感伤的污水"，但是她想把这本书送给我。我谢了她，然后把书放在旁边的桌子上。她让我"读一下这个该死的东西，看能不能从中学到什么"。她又补充说，她肯定我读过这本书，但还应当再读一遍（N 女士并不想冒让我告诉她我读过那本书的风险，事实上，我从未读过那本书。她给我那本书让我读，最重要的是因为那本书是她的）。她在沙发上转身面向墙壁，明确表示我应该当时就开始阅读。接下来几次咨询，我都在阅读。我感觉阅读比让我做任何事都有压力。理解为什么这本书是 N 女士更为珍视的这一点并不困难。我可以比在之前的阅读中更强烈地感受到这本书是一个男人最隐秘自体的神圣演绎。我想必须要读这本书是因为病人想被倾听——在这样一种意识状态下，即允许词语涌进读者脑海，又不必解释，且对困惑有强大的忍耐力。这种比昂（1962）称为"遐想"的感受性是放进森林里那棵树的对立面。这本书使我想到了病人：关于它，有一些细微和浪漫的东西（虽然一直以来都否认它的浪漫主义）。同时，语言中又有一些坚韧、坚定和不愿原谅的意味。福克纳只允许读者了解这些而再无更多——其核心只能用感觉飞快一瞥，却不能用智力去理解。

在几次咨询过后，病人说如果愿意，我可以自行结束阅读。她说道，她很喜欢我们共同度过的前几次咨询，但是现在她有话要说。在接下来几个月的咨询中，N 女士会定期讨论那几次咨询。病人说在我阅读时，她感觉和我变得亲近了。她告诉我，在我阅读的绝大多数时间里，她都没有思考，而是感觉在我们之间的房间中央有一个中心，它好像有一种使我们靠近它的引力和一种防止我们撞到一起的离心力。

在这一部分的分析中，有了自闭—毗连体验的进一步再工作，这一次是抑郁模式主导的。病人之前作为父母冷漠和我的"分析性侵犯"的受害者的感受现在在一个新的心理背景下被体验。病人认识到这些，并为自己的寒冷、为自己幻想的和实际的对他人隐私的侵犯行为负起责任。看来 N 女士开始能够忍受她自己的现在和过去的性活力。在我看来，虽然没有直接用语言表达出来，她来自父亲移情的两性的和浪漫的爱，显然是朝向我们两个的。她有了同情我

的能力，甚至开始对母亲看上去对产生自己内部情感的完全无能产
生怜悯。

那本书的效果是一次重要的修补行为。如果对它不接受，则会
发生对一个不能忍受、识别和接受他人影响及修复愿望的内部客体
的潜意识认同的反移情行动化。这一礼物是病人仅仅表面上被掩盖
的爱的表达。同时，它看起来是呈现了一个我从未努力去发现的关
于她一切的请求：我应该知道，有些事情，不能过多理解。

小　结

不管与费尔贝恩的内部客体世界概念和克莱因的偏执—分裂态
观点有关的概念有多么重要，这些观点都没有充分地提供对精神分
裂现象的充分理解。在本章中，我努力证明，对精神分裂患者的分
析工作的了解，必须通过对这样一种方式的理解，即在其中，精神
分裂现象呈现出一个存在于一个永恒的、焦灼的内部客体和一个更
为原始、难以言喻的、以感觉为基础的自闭形状和客体世界之间的
体验领域。

第 5 章

女性发展中的过渡性
俄狄浦斯关系

在精神分析思想和心理发展概念化的过程中，从一种心理结构向另一种心理结构的过渡是最困难的方面之一，而且特别重要。本章将致力于阐述对女性发展中向俄狄浦斯情结过渡的精神分析。

女性俄狄浦斯情结的早期阶段被看作发展的一个关键环节，在这一发展中，与母亲之间的过渡性关系形式调节着小女孩进入俄狄浦斯客体之爱的过程。这种过渡性的关系和温尼科特（1951，1971a）描述的与过渡性客体间的早期关系类似但又有区别。小女孩过渡性俄狄浦斯关系的矛盾性（由母亲和女儿所创造）通过这些现象表现出来：最初的三角客体关系发生于二人关系的背景下；最早的异性关系发生于两个女性的关系之中；作为力比多客体的父亲则是于母亲中被发现。

从对小女孩进入俄狄浦斯情结的这种理解的视角来看，将要重新审视弗洛伊德对女性俄狄浦斯情结论述中的被阉割幻想和阴茎妒羡的角色的概念。源自这种过渡性俄狄浦斯关系不足的病理学特征将得以描述。最后，女性病人治疗中遇到的移情—反移情困难将被理解为我们所讨论的早期俄狄浦斯情结发展时期出现的问题的反映。

对女性俄狄浦斯情结的论述

在积极的俄狄浦斯情结中，小女孩的力比多依恋从恋母至恋父的重新定向是尚未被完全理解的发展的一步。很多分析者将这一活动理解为与生俱来的异性恋的反映（Chasseguet-Smirgel，1964；Horney，1926；Jones，1935；Klein，1928；Parens et al.，1976；Stoller，1973）。

弗洛伊德对女性俄狄浦斯情结发展中力比多依恋转变的生物学解释持反对态度[1]，而坚持认为应从心理学角度来理解朝向父亲的这一活动。弗洛伊德（1925，1931，1933）将阉割焦虑和没有阴茎的羞耻感视为驱动小女孩由母亲转向父亲的主要力量。

由于女孩想要从母亲身边离开的强烈动机，在恋母的第一（前俄狄浦斯）阶段的最后，出现了对母亲没有给她一个合适阴茎的责怪——就是说，将她带入一个女性的世界。（1931，p.234）

1　弗洛伊德在这一点上有些自我矛盾，因为俄狄浦斯情结是一个结构性的概念，它假定一个普遍的生物决定的愿望和意义结构（参见，Ogden，1984）。积极的俄狄浦斯情结定义包括对异性父母的生殖水平的性的愿望，因此也包括与生俱来的、生物决定的对异性的追求。消极的俄狄浦斯情结同样假设（普遍的）对与同性父母之间同性恋关系的与生俱来的追求。

　　从母亲身边的离开伴随着敌意；对（前俄狄浦斯）母亲的依恋
以仇恨结束。（1933，pp.121-122）

　　……（我们）从分析中了解到，女孩认为她们的母亲应该对她
们没有阴茎负有责任，并因为她们因此处于不利地位而不能原谅母
亲。（1933，p.124）

　　在对女性俄狄浦斯情结论述的描写中，小女孩因为发现自己没
有阴茎而感到羞耻和失望。她还蔑视自己"被阉割的"妈妈（Freud，
1933）。结果，她愤怒而失望地从母亲身边离开。按照弗洛伊德的
说法，在儿童的意识中，母亲拒绝给小女孩一个阴茎反映出母亲缺
乏对女儿的爱。因此，在她的匮乏和羞耻感（以及蔑视）中，小女
孩愤怒地转向父亲，将其作为爱之客体的替代者。她希望她父亲的
爱（更具体地说，是她父亲的孩子）可以弥补她对阴茎的缺失。

　　直到想要阴茎的愿望（在俄狄浦斯情结中）出现，玩具娃娃才
成为女孩父亲所给予的孩子，并从此之后成为最具力量的女性愿望
之所寄。如果之后想要一个孩子的愿望在现实中得以实现，她的幸
福感就会更强烈，而当这个孩子是一个带有她渴望已久的阴茎的小
男孩时，则尤其如此。（1933，p.128）

　　我认为弗洛伊德提出的女性俄狄浦斯情结的论述有着巨大的理
论难度。首先，前俄狄浦斯客体关系和俄狄浦斯客体关系之间的区

别不够。看起来女孩是把她的对象性力投注从母亲"转移"到父亲身上。这一"转移"公式要掩饰的是，母亲所代表的"客体"形象和父亲所代表的"客体"根本就不对等。这种转移不是从一个客体到另一个客体，而是从一种与内部客体（一个并没有完全与自体分开的客体）的关系到投注于一个外部客体（一个存在于个体全能世界之外的客体）。这个客体遭遇到的不仅仅是俄狄浦斯父亲，还有与俄狄浦斯父亲在一起的俄狄浦斯母亲（这种外部母亲和外部父亲之间的关系在很大程度上定义了俄狄浦斯情结的三角关系产生的核心）。

　　前俄狄浦斯母亲是一个参与了儿童全能幻想的客体。前俄狄浦斯时期的骤然觉醒不会导向整体客体关系的进步，而是导致儿童使用在与内部客体关系中产生的全能防御的解决方式的程度大大加强（对弗洛伊德关于女性进入俄狄浦斯情结的"冲击理论"的批评，参见，Schafer，1974）。它只是一个健康的、得到良好控制的觉醒过程，它导致了从全能客体关系向超出个体控制范围的外部客体的转变。向同时投注于俄狄浦斯母亲和父亲的转变是一个发展性的进步——参与到外部客体中，并因此要求在过渡性的客体和现象协调下健康地断奶（Winnicott，1951；又见Ogden，1985a）。以弗洛伊德描述的方式破坏与母亲之间的前俄狄浦斯关系将会导致自恋防御和客体关系的突起，从外部客体的精神分裂性退缩，以及/或对全能防御依赖的再次发展。这些形式的防御使得儿童幻想自己可以绝对控制自己的客体世界（内部客体世界）。

　　其次，俄狄浦斯之爱是健康的完整客体之爱的关系的基础。羞耻感和失败感以及缺陷不是驱使个体进入一个健康的爱的关系的因素。一个由羞耻和自恋伤害的转移而进入的爱的关系，几乎肯定是为了自恋性防御的目的而建立，而不大可能包含真正的客体之爱。唯有以健康的自恋为基础、产生对未知充满希望和开放的感受，才能使小女孩做好准备，冒险爱上作为外部客体的父亲——一个在她的全能世界控制之外的人。小女孩羞耻地、挫败地、愤怒地从母亲身边离开转向父亲的画面与一个最基础的精神分析命题不一致：俄狄浦斯情结是成年后客体之爱发展的基石。

第三，弗洛伊德对女性俄狄浦斯情结的论述基于这样一个假设：小女孩对自己缺少阴茎这一发现，对她来说是件极为令人失望的事情，也形成了发展的转折点。几乎没有分析师会怀疑这样一个观点，即在每一位女性（和每一位男性）病人的分析中都会遭遇阴茎妒羡的情况。阉割幻想和阴茎妒羡出现在小女孩身上并不奇怪。问题在于，小女孩因为母亲没有给她一个阴茎而产生的愤怒是否是导致她拒绝母亲而转向作为力比多客体的父亲的"强烈动机"（Freud，1931）。帕伦斯（Parens）及其同事的观察研究表明，阉割焦虑并不总是在从"看上去对父亲的异性恋态度"（p.85）、她想要一个孩子的愿望以及她与母亲的对抗反映出来的小女孩进入俄狄浦斯情结的表现之前出现。有一个问题是，是否女孩的阉割焦虑主要包括丢失曾经拥有的阴茎的幻想，或者是否女性的阉割焦虑主要包括女性生殖器的伤害幻想（Applegarth，1985）。还有一个进一步的问题，即是否小女孩主要通过感受自己的生殖器作为她失去阴茎的反映；或者是否在正常发展中，她主要将女性生殖器理解为正常标准，认为小男孩所有的是有缺陷的器官，"开口太紧"而且"反应不快"，从而不能更好地使用（Mayer，1985）。

一个对女性俄狄浦斯情结的论述必须能够对小女孩在这一阶段的发展过程中从母亲转向父亲的表现做出解释。我认为鉴于对早期客体关系愈加深化的精神分析理解和在从内部到外部客体关系转变中起调节作用的心理—人际间过程，对弗洛伊德的论述需要重新思考和整理。

发展背景

在表达我关于对女性进入俄狄浦斯情结起协调作用的与母亲的过渡性关系的理解之前，我将简短地回顾一下这一时期心理发展的几个特点。

心理发展包括对逐渐增强的差异性意识的加工，人际过程和婴儿的生理和心理能力的成熟在此起着协调作用。虽然在朝向"发现外界"（Winnicott，1968）的整个过程中都是进步的运动，但是仍然有着心理重组的艰难时期，在其中，新的客体关联能力得以发展，且与之前存在的关联形式有着质的不同（参见，Spitz，1965）。

早期婴儿经验包括与母亲关系的两方面的共存。母婴关系的一方面包括与环境母亲（作为周围环境的母亲）的关系，另一方面包括与作为客体的母亲的关系（Winnicott，1963b）。起初，前一方面关系的比重远超后者。在发展过程中，这一比重会发生转变，直到与作为环境的母亲的关系成为客体相关经验的无声背景［分别被称为"原始身份的背景客体"（Grotstein，1981），"梦屏"（Lewin，1950），以及"意识模型"（Ogden，1985a，1986）］。

在与环境母亲的关系中，经验产生于一个主要是同质的领域：经验之间几乎没有不同，例如内部与外部的不同、我和非我的不同、呈现与再呈现的不同。这种心理状态由母亲提供的"主观性客体"（subjective object）（Winnicott，1962）的错觉进行协调，即母亲对婴儿需要的满足如此不引人注意，以至于几乎没有被觉察。既然婴儿几乎没有自体即独立整体的意识，其作为人和物创造者的意识更是少了很多，那么，认为婴儿"创造客体"的观点就会引人误入歧途。

于是，这样一个问题就出现了，婴儿如何能够不受伤害地从主观客体的保护错觉转变到具有将客体体验为独立于他之外的能力。婴儿对外部现实（先于他出现很久）的发现必须是由人际互动来协调的。温尼科特（1951）曾这样描述此过程［它开始于"大概4至6个月到8至12个月"（p.4）］，即在此过程中，产生了一个基于一系列矛盾之上的心理状态，并由母亲和婴儿将其保持下来。以这种方式产生的意识状态成为婴儿与过渡性客体之间关系的基础。过渡性客体是一个既是被发现也是被创造出的客体；它既是现实的又是幻想的；既是我又是非我；既是全能的、保护性的、内部客体母亲，又是拥有自己固定感知特质的外部客体事物。最重要的是，它到底是哪个——被创造的还是被发现的，我还是非我——这个问题从未被提及。

温尼科特关于对外部的发现由过渡性客体之间关系来协调的概念是一个发展概念，它区别于这样一个发展观点，即经由一个与儿童逐渐成熟的自我能力同步的、受到良好把控的、渐进的挫折过程，逐渐从整体发展为部分。与过渡性客体的关系并非断奶过程的中间点，通过断奶过程，分离的意识呈线性缓慢增加。就如我在别处曾讨论过的（Ogden，1985a，b），过渡性现象有着辩证的结构。完整和分离、现实和幻想、我和非我彼此共存。现实不再像有意识思想在发展过程中取代潜意识思想那样取代幻想，而是与幻想之间形成了一种互相限制和彼此丰富的关系。唯有在以这种方式创造出来的现实和幻想之间的空间里，主观性、个人意义、象征形式以及想象才成为可能。

如上所述，对外部的发现是一个从出生起就持续不断的过程，而且仍然会有重组的艰难时期，通过它出现了产生从性质上来讲是新的客体关联模式的能力。进入俄狄浦斯情结代表着个体进入一个发展的关键时期。进入俄狄浦斯情结意味着在母婴二联体中引入一个全新的第三者形式，从而需要一次彻底的心理—人际间重组。

过渡性关系

进入女性俄狄浦斯情结时的心理重组是通过与母亲之间的特殊过渡关系来进行协调的。就如之前的过渡性现象一样，这种关系的功能是以一种最初被体验为同时既是他者又非他者的形式引入第三者。在一种母亲和儿童可以创造和保持这样一种矛盾的心理状态中，一种可控的转变将会运转起来，以消除儿童的这种需要，即建构一个僵化的防御体系，以保护令人无法忍受的（不成熟的）对分离的觉察。在俄狄浦斯情结的情况下，父亲是第三者的主要代表形式[1]。另外，虽然与俄狄浦斯母亲之间的关系从未失去它与作为主观客体的母亲的经验之间的联系，但是俄狄浦斯情结中的母亲与之前相比更多的是一个外部客体（参见，Chodorow，1978）。对俄狄浦斯母亲外部性的发现在某种程度上一直被体验为一种背叛。实际上，儿童说："我想我们已经在你的就是我的、我的就是你的这个问题上达成一致，那为什么我在进你的（你与父亲共享的）房间时还需要敲门？以前我都不用。"与之相关的愤怒更多地指向母亲而非父亲，

---

1 拉康（1956—1957）曾经指出，并非父亲的个体人格力量在于将婴儿从将其禁锢在一个直接感官体验的非主观性世界里的"想象王国"中解救出来时有着核心重要性。父亲的力量在于他作为象征物载体的角色，以及作为一个为儿童提供在自己和其感官体验之间进行协调的方式的代表。

因为在小女孩的意识中，是母亲在"叛变"，"改变规则"。

处于女性俄狄浦斯情结入口处的心理重组是广泛的。不管是父亲和母亲都被发现（比以前程度更深）是外部客体。儿童开始意识到，她的父母彼此间有着亲密关系，却并没有把她包括在内。同时，一种紧张的、三角的全客体关系建立了起来，在其中，父亲被当作爱的客体，而母亲则是被当作犹豫地爱着的竞争者。这种认知的产生是毫无创伤的，因为它得到了与母亲之间一种关系的协调，这种关系表现为以下悖论：小女孩爱上了作为父亲的母亲和作为母亲的父亲。从精神分析的视角来看，在这种过渡性关系中发生的是小女孩爱上了她的（还不完全是外部的）母亲，而这个母亲在潜意识中认同在她自己的内部俄狄浦斯客体关系中的父亲。而小女孩到底爱上的是母亲还是父亲（爱上一个内部客体还是一个外部客体）的问题从未出现。她同时爱上了他们两个。她爱上了作为父亲的母亲和作为母亲的父亲。这一悖论是允许在无须经历使用限制生长的防御性策略的强烈觉醒的情况下进入俄狄浦斯情结的核心。小女孩无须为了爱父亲而拒绝母亲，她也不需要为了一个外部客体而与一个内部客体断绝关系。

母亲作为俄狄浦斯情结过渡性客体的角色使得她被当作一个男人（她潜意识中对自己父亲的认同）来爱。这样做，她潜意识地是在告诉女儿："如果我是一个男人，我就会爱上你，觉得你很美，非常想和你结婚。"由于潜意识的思想不懂得"如果我是……"，妈妈的潜意识交流更确切地是像这样的一种状态："我是一个男人，是你的父亲，我爱上了你，觉得你很美，想要和你结婚。"

这种关系中的母亲允许她自己被当作与"他者"关系的一个渠

道，矛盾的是，在她对他人（她自己的父亲）的认同中，这个"他者"已经是她自己的一部分了。格林（Green，1975）在温尼科特（1960a）的"从来就没有婴儿这回事儿"的观点的基础之上进行了扩展，认为"从来就没有婴儿和母亲这回事儿"，因为父亲一直存在于母亲的潜意识心理中。这一观点对我们正描述的发展时刻有着特殊意义。我们所讨论的母亲作为过渡性角色的能力会受到她的潜意识联系和她自己的俄狄浦斯父亲之间冲突程度的压制。

总的来说，进入女性俄狄浦斯情结最初并不是以和父亲本人的关系为中心，而是围绕着母亲对她自己父亲的潜意识认同（更确切地说，是母亲与她自己父亲的内部客体关系）。女性俄狄浦斯情结发展早期包含了发生于两人关系背景下的三角客体关系。在小女孩能够与他者（父亲）建立关系之前，她与母亲在为之后以她真正的父亲（与作为父亲的母亲相比更多的是一个完全的外部客体）为中心的俄狄浦斯情结戏剧进行"带妆彩排"。"带妆彩排"的比喻传达了这样一种方式，即与母亲间的过渡性俄狄浦斯关系是对其本身真实体验的表演，也是为其他感觉起来"更真实"的东西进行预热。"带妆彩排"在二人私密的安全环境下进行，而且他者——父亲也一直都在（在想象中）。

在潜伏期和青春期，母女之间的俄狄浦斯过渡性关系会以更多样的形式再次发生。再发生的一种常见形式就是"购物之行"，在此过程中，女儿试穿衣服，而母亲则通过一种对男人的认同（潜意识中认同母亲是小女孩时与自己有联系的自己的父亲）进行参与。母亲（作为一个男人）来欣赏自己的女儿。女孩的父亲实际上当时并不在场，但却在情感上作为这场戏剧的第三者存在着。在很大程度上，小女孩从母亲的目光中看到的是父亲。

我所关注的母女关系区别于母亲和女儿在与她的（女儿的）父亲的浪漫俄狄浦斯关系中感受到的愉悦相同的快乐。后者毫无疑问是之后俄狄浦斯情结发展阶段的重要基础，还包括了母亲在与自己父亲的俄狄浦斯体验中体验到的快乐的复苏。但是，这一体验包括了小女孩父亲的实际参与，因此在发展上比我所关注的这方面发展要晚。

过渡性的俄狄浦斯关系必须也区别于女性消极的俄狄浦斯情结，即母亲被当作浪漫和性的客体，而父亲则被当作情敌。在我所描述的关联形式中，母亲同时既是父亲又不是父亲，她到底是母亲还是父亲的问题却从未被问及。相反，在消极的俄狄浦斯情结中的母亲之爱是一个女性在生殖器水平上对另一个女性的浪漫的和性的依附。对小女孩来说，她犹豫地爱着的父亲是一个她想驱除的不受欢迎的闯入者。这明显不同于向积极的俄狄浦斯情结过渡的情况。

让小女孩做好准备，让她有行动的勇气去爱上自己现实中的父亲，是早期俄狄浦斯过渡性关系的成功。毕竟，她的父亲是处于小女孩全能王国之外的一个人，她必须冒险接近他。有可能他不会回应她的爱，因此使她失望和／或令她感到羞耻。如果这样的话，她显然会得出结论，认为自己肯定有什么问题让她的父亲认为她不值得爱。鉴于这是一种浪漫的性的感受，除了取代母亲这一俄狄浦斯时期最强烈的愿望之外，就是她自身的这些方面常被认为是使得她不被接受的基础[1]。

精神病理学和俄狄浦斯过渡性关系

俄狄浦斯过渡性关系对母亲来说，是一种关联形式，通过它，母亲潜意识地对小女孩对父亲的俄狄浦斯之爱以及从那以后她对其他男人的爱给予祝福。这种过渡性关系的不足会压制（在幻想中，包括禁止）小女孩对父亲的兴趣的发展。逐渐地，小女孩对与父亲产生关系的愿望和努力进行否认、对父亲可以给她任何东西的想法进行否认成为一种必要。如果父亲不能打破母亲潜意识中对俄狄浦斯浪漫的禁止，那么小女孩就会确信自己不该对父亲有浪漫的和性

1　这些俄狄浦斯水平的感受比源于母亲对婴儿之爱的未能被认识和接受的早期不完全或失败的感受更加受限制和值得注意。母婴之间最早的"不协调"的体验使得婴儿感到自己表达爱的方式造成了伤害（Fairbairn，1940）。这代表了自体最广泛和最基础的诅咒。个人与他人相处的方式，而不仅仅是其敌意或性的感受，是不可接受的。

的感受（和对母亲的敌对感受），以及她的那些感受是坏的——太不忠诚、太肮脏、太强烈、太贪婪、朝向了错的人等。无论父亲在这一发展阶段之于小女孩是否有情感上的作用，母亲作为一个俄狄浦斯转变性客体的无能或不情愿都被理解为（常常是正确的）作为母亲不愿意赦免小女孩进入俄狄浦斯客体关系。这样一位母亲同样不能认同自己父亲的过渡性作用。进入与处于这种环境下的父亲之间的俄狄浦斯关系时，要冒着绕开母亲的危险。在没有父亲积极协助的情况下，这是一个艰难的任务。即使是变得像父亲的愿望也会被体验为一种被禁止的行为和对母亲的背叛。对父亲的这种认同被小女孩潜意识地体验为一种想成为她不能成为以及她不应该拥有的企图。这让她感觉就像在窃取她认为不该是自己的东西。这种对认同俄狄浦斯父亲的恐惧在成年后常常表现为一个"超级女人"的状态，即表现得就像她不能做任何"男性的"事情或懂得任何"男性的"知识一样——比如，擅长逻辑、科学的思维和讨论，能够挑选汽车，以及做基本的家庭修理工作。

　　另一种源于过渡性俄狄浦斯关系的病态结果的性格防御形式是这种普遍的感受："男人能做的事没有我不能做的，因此没有什么男人可以给我任何东西。"这代表了一种潜意识信念的过度生长，即对俄狄浦斯父亲的爱是对母亲的一种背叛。有这么一个被分析者，是一位社会工作者，常常将自己与狂暴的男性病人关系处于危险处境，从而在潜意识上表明男人能做的事没有她不能做的。她不需要任何人的帮助，尤其是团队中的男性同事。她完全否认大部分男人比她庞大、比她强壮的事实。承认这么一个事实让她感到深深的耻辱，因为这在潜意识中等于承认她希望自己的父亲会给她一些她认为很宝贵却不能自我给予的东西。极端情况下，这会导致一种同性恋客体选择的病态形式[1]。

下面我将举出一个治疗案例，以说明过渡性俄狄浦斯客体关联中的移情体验。

病人 L 在前来咨询并表达她的极度孤独和无意义感时，还是一名 27 岁的研究生。她衣着相当男性化，留着刻板的短发。在面对这位病人时，治疗师感觉自己就像是一本女性讽刺漫画，在神经质的小女孩和有着令人作呕的、让人窒息的巨大乳房的大地母亲之间交替变换（这被理解为对病人使用分裂和投射性认同的反映）。L 强烈地感受到男人残忍、渴求权力、毫无感情，而女性则弱小、无用且可怜。

病人无论是从与女性还是男性的性关系中都无法获得任何乐趣，早在五年前就放弃了所有性生活。她偶尔会手淫，却无法获得性高潮。在手淫过程中，她"莫名其妙"地发现眼泪从脸颊滑落。她讲到自己感受到些微的哀伤和无用感，但是并没有有意识的性幻想或与流泪有关的想象。

病人的父亲在她出生之前就抛弃了她母亲。病人的母亲埋头于工作，并且与一些男人有着一连串的关系，而她从来没有向病人介

1　我同意麦克杜格尔（McDougall, 1986）的观点，即精神性欲的结构种类如此之多，以至于我们在谈论它时不得不使用复数："异性恋们和同性恋们"（p.20）。某种特别的性状态，不管是异性恋还是同性恋，按照它阻止个体进入或"加工……抑郁态"的程度，被认为是病理学的（p.23）。

绍甚至提及过这些男人。L的母亲拒绝同她谈论任何与她父亲有关的话题。

在此不可能将这一强化治疗的发展过程一直追溯至我们将要集中讨论的第六年的工作，不如这样说吧，精神分裂性退缩和分裂防御逐渐减少，为矛盾情绪和全客体关联的开始让路。

在第六年治疗的几个月中，L会注视着治疗师说，起初她能在治疗师的眼睛里看到一些东西，但是却不知道那是什么。随着时间流逝，她说她也在治疗师的声音中听到了相同的东西。这是不熟悉的，但却令人着迷——它是一种"并不粗糙和冰冷的坚硬"。在几个星期的拐弯抹角之后，病人说道，关于它有一些"性的"东西，但又补充说，至关重要的是咨询师不要把这误解为是同性恋的。这根本不是她对那个她认为自己被其吸引并有时感觉爱上的那个女人的感觉。另一方面，这是一种她多年未有过而且以为不会再有的身体体验。

在治疗的那个节点，病人开始以一种"纯理智的方式"对一个比她年长几岁的男性教授产生兴趣。在与治疗师谈论这个男人时，病人感觉很难为情，但最后还是可以迟疑地谈论到那个男人如何和她生活在"一个完全不同的世界里"，一个她感觉不懂其语言和风俗的世界。结果，她交替地感觉自己被无视或自己就像一个怪胎。她感到极度焦虑，怕那个教授和治疗师都会因为她对一个对自己毫无兴趣的男人感兴趣而将她看作一个傻子。另外，她变得愤怒和有些偏执于这样一个事实，即治疗师也舒适地生活在那个不同的世界里，而且对帮助病人成为其中一分子毫无兴趣，实际上可能正努力将病人排除在外。在她的治疗中，这些感受和 L 与其母亲的体验之间的联系得到了解释。病人同时还感觉进入那个世界将会是对她的男女平等主义者和女同性恋朋友的背叛，她要进入那个世界的拙劣企图会将她彻底孤立，使她不能也不配进入任何一方群体。

在一种恐慌的状态下，L 从与教授的关系中退缩出来，又重新专注于她从治疗师身上看到和听到的"并不冰冷的、轻柔的、女性的坚硬"。L 很尴尬地承认，她太把治疗师的这一特点当回事。但她却说："我并不是爱上了你，而是爱上了那种我在感受我一直努力描述的那部分你时遇到的感觉。爱上你将会像是被困在一个黑暗的、发霉的洞穴里，那种感觉我永远都不想再有（她在一段短暂的同性恋情里经历过的）。以那种方式爱上你，将会像步入一片沼泽，发现你正陷进去直到膝盖，而不是只下沉一下又马上被坚实的地面托住。"

这一时期的病人说道，她自童年以来第一次对自己的父亲感到好奇。她浏览了自己从童年至今的照片（一种她至今一直感到恐惧的行为），以期通过从自己容貌中"减去"她认为是母亲的那些特征来找出父亲的长相。在童年时她曾有意识地控制自己不去在她在大街上看到的那些男人中寻找自己的父亲。治疗师提示到，病人的感受是在女人中能发现男人，在男人中也能发现女人，可能这就是病人在治疗师身上得到的坚硬但不冰冷这一发现的意义所在。

几个月以后，L 第一次穿着短裙和衬衫出现在治疗室。她显然很焦虑，低头走进办公室，眼睛紧盯着鞋子。当她最终抬头看治疗师时，她们都笑了。病人的眼中满是泪水。她说治疗师的微笑是她生命中遇到的最温暖和最安静的（治疗师不得不强忍泪水，因为在她看来病人是如此单纯和信任地把自己放在了她的手中，以至于她想起了自己和孩子及母亲在一起时的体验）。L说她曾经很害怕治疗师会嘲笑她，以至于换了六次衣服才最终鼓起勇气穿上衬衫和短裙来咨询。

这一节点的资料的核心变成了病人关于治疗师与她丈夫的关系的幻想，且最初病人是幻想中的孩子。后来，伴着巨大的焦虑，病人讲述了一个梦，在梦中，治疗师的丈夫问他的妻子，那个正离开她办公室的女人（病人）是谁。L开始能够接纳以自己［对劳伦·白考尔（Lauren Bacall）——"一个大胆的女人"的认同］与亨弗莱·鲍嘉[1]（Humphrey Bogart）之间的风流韵事为核心的有意识的性幻想（包括手淫过程中的）。

在这一系列事件中，病人首先使用了精神分裂性退缩和分裂防御（包括男性和女性的分裂）去逃避俄狄浦斯关联的危险和复杂。因为在抑郁态中的全客体关联能力开始出现，她便有可能获得更多瞬时的和散乱的俄狄浦斯关联因子。这由病人在治疗师身上所听和所见的柔软中的坚硬、母亲中的父亲、女性中的男性所引领。在此，起主导作用的并不是消极俄狄浦斯移情中的母亲，而是对熟悉的至今令人恐惧的第三者的揭示产生的过渡性角色。关键的是，这种熟悉又不太熟悉——也就是说，并不完全是原始母婴二分体中的母亲（那个黑暗、发霉的洞穴和将人吞没的沼泽）。同样重要的是，那个

1　美国电影演员。——译者注

"他者"，那个不熟悉的，也并不是完全令人恐惧得不相容和不受欢迎（那个教授所在的"另一个世界"）。病人的体验是爱上了那个并不完全是母亲的移情母亲（"我爱上的并不是你"），是爱上了那个（母亲中的）父亲——柔软中的坚硬——那个还不是完全作为外部客体的父亲。这（被理解为）种重要的移情体验，使得病人敢于努力将治疗师认同为与幻想的俄狄浦斯父亲有关系的俄狄浦斯母亲。病人短裙和衬衫的穿着代表着往正确的俄狄浦斯情结的向前一步，即病人的移情角色从母亲中的父亲和父亲中的母亲的角色转移至在她与父亲的俄狄浦斯浪漫关系中认同女儿的母亲的角色（在反移情过程中，在向病人提出的对俄狄浦斯母亲的认同，包括她对俄狄浦斯父亲的浪漫的和性的兴趣给予爱的祝福的要求做出回应时，治疗师体验到了喜爱和自豪）。

在这些进展之后，病人对性幻想能力的压抑减轻了，这使得她能够体验到包括手淫在内的生殖器水平的性兴奋，并从中获得乐趣。她自己（对劳伦·白考尔的认同）和亨弗莱·鲍嘉之间风流韵事的性的和浪漫的幻想，证明了过渡性俄狄浦斯客体的持续重要性。白考尔（作为女人中的男人）是（部分地）母亲中的父亲的继承者。然而，在对鲍嘉与白考尔的幻想中，有一种更加完全的三角客体关系（病人、鲍嘉和白考尔），在其中，病人处于一种对外部客体母亲的认同（并与其竞争）之中——因此（安全而愉悦地）进入与作为外部客体的俄狄浦斯父亲的浪漫的/性的关系之中。

对弗洛伊德女性俄狄浦斯情结论述的再评价

至此，弗洛伊德对女性俄狄浦斯情结的论述可以被重新审视，并且可能被更好地理解。从本章提出的观点来看，弗洛伊德对女性俄狄浦斯情结的论述（尤其是他对女孩是因为意识到自己缺少阴茎而感到羞耻才转向父亲的强调），可以被看作对女性发展中极为常见的病理现象以及正常女性发展的次主题的精确描述。当一个女孩的俄狄浦斯经验呈现出与其自身潜意识的俄狄浦斯情结结构呈病态发展的母亲有关时，这种病态将会感染女儿的俄狄浦斯情结结构的发展。例如，当母亲潜意识中持这样一个信念，即作为一名女性意味着有缺点和令人耻辱的缺失，她将会期望自己的女儿不仅认同这种羞耻和内部缺陷，并且也会感觉在她母亲掌控下自恋受到伤害。另外，可以预期的是，在这种环境下，女儿将会感到愤怒并转向父亲，以修复那自恋上的伤害。自恋的伤害在幻想（phantasy）中被具体化为身体上的伤害、缺失或缺陷。父亲之爱被需要，以修复小女孩的自尊。女孩依赖父亲的爱（之后是其他男人的爱），将其作为自我价值感的来源。再一次地，这被潜意识幻想翻译成身体词汇，即要么是父亲性交时的阴茎，要么是父亲的孩子被看作让自己完整的东西。弗洛伊德（1933）所评论的女性的过度自恋并不是女性俄狄浦斯发展的必然结果，而常常是女性俄狄浦斯情结的病理形式——例如，一种自恋伤害引起的客体关联形式的结果，而这种自恋伤害是在当母亲潜意识中认为自己和女儿是令人羞耻的不完整之人时产生的。在这样的环境中，小女孩将会把之前描述过的"带妆彩排"之类的经验体验为母亲让女儿将自己依附于一个男人从而使自己变完整的行为。

即使当母亲潜意识地想象自己像之前描述的那样缺失时，女儿也有可能能够利用到父亲所持的一个不那么病态的（不那么容易致病的）观念（参见，Leonard，1966）。与父亲之间一种健康的俄狄浦斯浪漫关系可以提供一种和这样一类人的关系体验，即真诚地爱着小女孩，并传达他并未发现她有缺陷这样一种感受。女儿如果有足够强的适应能力，则能够在塑造她逐渐形成的身份时再认和利用这种形式的经验。然而，不那么有安全感的儿童回应这种新经验的方式则是感到自己的自尊依赖于她父亲的独特能力——发现她值得爱，以及她的价值不是来源于她所拥有的、不依赖他对她的看法的任何内部力量。换句话说，她认为是父亲使她变得特别。这继而会导致她在青春期和成年后成瘾似地寻求能够使她感到特别的男人。因为女人不能给她提供价值感，那么她们就不能让她的能力有价值。价值感源于男人发现她值得爱这一行为。在这样的环境下，美丽在意义上只存在于旁观者眼中。之后，这样的女人还有可能专注于衣物、化妆、珠宝以及类似的东西，用来吸引可以通过爱为她带来价值感的男人。这代表着一种特殊形式的自恋忧虑，因为病人并不是在寻求客体映像，而是希望复苏一种特殊的早期爱的关系，在其中通过父亲之爱的影响，使得她受伤的自尊不那么痛苦了。她的受伤感得到父亲的抚慰，但并不能被其彻底修复，因为他的爱永远不能被完全内化为健康的自恋。

弗洛伊德论述的另一方面如今可以用新的观点来理解。弗洛伊德将小女孩在俄狄浦斯情结中对母亲的愤怒视为一种小女孩对母亲的指责——因为没有给她一个阴茎，从而使得小女孩不完整和有缺陷。从本章提出的观点来看，小女孩对母亲的愤怒可以被理解为她这样一种感受的反映，即俄狄浦斯母亲——现在在体验中比之前更加外部化——背叛了她，因为她拥有自己的生活，尤其是与小女孩的父亲有着独立的、私密的、浪漫的和两性的生活。

移情—反移情意义

接下来我将描述一种在女性病人的精神分析性治疗中比较常见的反移情困难的形式。我们将要讨论的反移情问题看起来似乎是起因于病人早期的俄狄浦斯移情［常常以投射性认同的形式外化（参见，Ogden，1982b，1983）］和分析师未受分析的早期俄狄浦斯冲突间的相互作用（这里主要关注的是女咨询师对女性病人的治疗）。

源于过渡性俄狄浦斯关系不足的一种主要反移情困难形式[1]是，作为一名女性治疗师，在她潜意识的俄狄浦斯客体关系中不能相对无冲突地认同自己的父亲。当认同潜意识俄狄浦斯父亲的任务必须受到抵制时，在引导那些移情根植于我们讨论的早期俄狄浦斯阶段的女病人的分析治疗时，女性治疗师会遭遇巨大的困难。必须要抵制这样一种认同的治疗师，在面对扮演向与俄狄浦斯父亲的关系转变过程中起过渡作用的角色的要求时，会潜意识地感到受伤和愤怒。这样的治疗师会潜意识地感到病人以这种方式利用她，是在表明她（治疗师）是第二位的，是有缺陷的，只是"真品的"预备品。治疗师潜意识中试图紧抓住病人，巧妙地或不那么巧妙地传递这样一种感受，即病人与一个男人——即使是作为父亲移情的治疗师——产生联系是对治疗师的一种背叛。在这些环境下，治疗师对自己对父亲的认同感到如此焦虑和疏远，以至于她不能将自己当作移情父爱的客体（对治疗师嫉妒自己内部客体的有关描述，参见 Searles，1979）。这样一位治疗师将会常常防御性地努力使病人退步，以避免产生我们所说的那种认同。比如治疗师可能会从发展上"向下解释"（例如，用口唇期术语来解释生殖器水平的资料），并且对待病人的方式通常像病人完全不能照顾自己一样。这是治疗师这样一个潜意识愿望的表现——使病人永远停留在俄狄浦斯儿童阶段，以避免进入包括她在内的俄狄浦斯水平的三角关系，而这一关系会要求

1　对某种潜意识客体关系的移情表现的描述必须要是概括化的，因为移情总是由多因素决定的，也就是说，来源于处于不同发展水平上的多样的内部客体关系。

（在许多其他东西之中）她认同自己的潜意识俄狄浦斯父亲。

当治疗师产生这种形式的冲突时，可能会潜意识地引导病人将治疗体验为两个女人对抗世界（潜意识中一个男性的世界，尤其是俄狄浦斯父亲的世界）的联盟。咨询中的价值体系以一种未说明的方式转移至这样一种观念：病人"没有男人也行"。成熟在潜意识中被等同于完全的自给自足。来自咨询师或其他女性的帮助并不是被当作病人对独立性的放弃，因为从感觉上（潜意识地）对另一个女性的依赖并不是向敌人（他者，俄狄浦斯父亲）"出卖"的行为。这里病人再一次地将父亲的俄狄浦斯之爱（即使在移情中）体验为对角色在潜意识中被治疗师所取代的母亲的背叛（病人常常利用投射性认同来对治疗师施加压力，让其有这样的自我体验）。由于这种移情是由治疗师启动的，因此并未被分析到。在这一关键时刻，常常会有治疗的破坏。病人能感觉到，但常常无法用语言表达——她正在面临一个不可能做到的选择——她可能有父亲或母亲，却不能同时拥有。治疗的破坏或威胁性的破坏并不完全是一个选择父亲而舍弃母亲的行为，因为对于病人来说，是对不得不在二者中进行选择的拒绝。在治疗中，病人面临这种困境常常表现为梦境或屏障记忆——在其中要做出不可能的选择（本章稍后会介绍这样一个梦境的例子）。

如果一个病人不破坏治疗，并决定选择嫉妒的、占有欲强的移情母亲而舍弃移情父亲，治疗师（作为移情母亲）就被体验为强大的阳具母亲，她摧毁了父亲，并且现在拥有了阴茎。治疗师在移情中不是被体验为正在变成父亲（他者）的母亲，而是强大的前俄狄浦斯母亲和曾经是或过去常常是的父亲的一个聚合体。在一个被这种困境陷入僵局的治疗案例中，将治疗师作为阳具母亲的移情通过病人的这样一个幻想表现出来——治疗师是一个"男性吞噬者"，她曾经与男性咨询师共用办公室，却在性交过程中用阴道消耗了他们。

这一幻想与朝向能够接受过渡性俄狄浦斯母亲（潜意识中认同父亲的母亲）的移情角色的治疗师的移情形成对照。一个病人通过一个梦境呈现了后一种形式的移情——治疗师站在两个镜子之间，病人可以从中看到一系列治疗师不停转变为一个不认识的但是友好且"熟悉"的男人的形象，而这些形象无限扩大为背景。这个男人"某种意义上也是"治疗师。

在结束这部分论述之前，我将简短地提一下，我们所讨论的早期俄狄浦斯移情在男性治疗师对女性的治疗中发挥着和它在女性治疗师对女性病人治疗中同样重要的作用。对男性治疗师来说，当他被放在早期俄狄浦斯发展中这一特殊关键期的母亲角色中，他就会产生一种不同但又相关的反移情焦虑。即使病人说自己正爱着一个显然有着心理咨询师本人特征的男人，男性治疗师也常常会感到"被疏忽"。这种观察所说明的心理现实是，病人爱的是分析师作为移情母亲中的父亲，而不是作为移情父亲的分析师。再一次地，分析师会嫉妒使自己被疏远的自己的另一部分，因为它要求他将自己体验为一个女人（认同她父亲的母亲）。在男性分析师主导的分析之中，这一女性俄狄浦斯情结的早期阶段很容易被忽视，因为无论是在移情发展的早期还是后期，都存在着父性因素的连续性：早期发展形式包括包含父亲的母亲，而发展的后期形式则包括与父亲本人的关系（关于在男性分析师处理女性病人表现出的俄狄浦斯移情工作中必需的但是常常有干扰性的因素——反移情中的俄狄浦斯之爱——的论述，参见，Searles，1959）。

性别认同发展的意义

因为母亲对认同自己父亲的恐惧而产生的不得不在母亲和父亲（男性和女性）之间进行选择的两难困境，是许多性别认同失调问题的核心。从我们在此提出的观点来看，一种健康的性别认同的发展是男性和女性身份的辩证统一关系结果的一种反映。当个体不再不得不选择爱（和认同）自己的母亲还是爱（和认同）自己的父亲时，这种认同就发生了。在作为这一发展的框架的关键的人际间经验中，与母亲之间的俄狄浦斯过渡性关系是其中之一，在此关系中，母亲是男性又是女性（父亲中的母亲和母亲中的父亲）。为了产生这种经验，母亲和女儿必须能够创造并利用一种"发挥空间"（Winnicott，1971b，c），使她们保持联系和独立。俄狄浦斯情结是在这一空间中演绎的戏剧，它最初由母亲和女儿创造，随后又有父亲的参与。如果在俄狄浦斯阶段的最开始，儿童究竟爱谁（父亲还是母亲）的问题就必须被回答，那么发挥空间就会"崩塌"（Ogden，1985b，1986），俄狄浦斯戏剧就会变得过于真实。这种环境下产生的俄狄浦斯情结就包含了一个不可能的选择。

一个挣扎于这种选择（在移情中觉醒）的病人讲述了一个梦境，在梦中，她正站在一架即将坠毁的飞机的通道中。病人不得不选择是和一边的母亲坐在一起还是和另一边的父亲坐在一起。病人知道，她选择坐在一起的那个会幸存，而另一方则会死去。病人将这个梦理解为她认为不得不做的一个选择，其结果将是自己的一半会死去。

当不得不在母亲和父亲之间（男性和女性之间）做出选择时，个体就变得既非男性也非女性，因为在健康的男性特征和健康的女性特征中，二者相互依存，并彼此创造。这就是弗洛伊德（1905，1925，1931）所坚持的人类原始的双性恋含义的一部分。

性别认同失调可以被理解为内心中男性和女性辩证关系的混乱。进行痛苦选择的努力会导致一个虚假身份的构建。这种虚假身份的一个例子可见男子气的女同性恋讽刺漫画人物（《女同性恋者》）以及女子气的男同性恋讽刺漫画人物（《女王》）。这种脆弱的虚假身份没有作为成熟性别认同特点的男性特征和女性特征的微妙共鸣。作为令人满意的俄狄浦斯过渡性关系的结果的三角划分代表了对个体原始双性恋的一种重建，通过这种方式，女性不再是对男性的逃离和否定（反之亦然）。

小　结

本章提出俄狄浦斯过渡性关系是作为一种理解在小女孩进入俄狄浦斯情结时起协调作用的心理—人际间过程的特征的方式。这一过渡性关系有助于小女孩在与母亲的二元关系的安全环境下不受创伤地发现父亲是外部客体。在俄狄浦斯情结发展的这一早期阶段，小女孩爱上了作为父亲的母亲和作为母亲的父亲，也就是说，爱上在潜意识中认同自己（母亲的）父亲的母亲。通过这种方式，矛盾性地，最早的三角客体关系在两人的关系中得以体验；最早的异性恋关系在两名女性之间得以发展；作为性欲客体的父亲在母亲之中得以发现。

第6章

男性俄狄浦斯情结之门

　　在弗洛伊德看来，俄狄浦斯情结在许多方面是精神分析理论的核心。他在其中看到了普遍的心理结构的集合、潜意识的个人意义以及来自身体的欲望之力的影响。最终，俄狄浦斯情结在超过九十年的时间中体面地在分析思想中占据了核心位置[1]。在本章中，我将聚焦于迄今为止在对早期俄狄浦斯情结发展的分析论述中相对被忽视的一部分。

　　虽然大家普遍认同向俄狄浦斯情结的过渡表现出了心理发展中的关键连接，但我认为精神分析理论仍旧没有充分地对在男性发展中起协调作用的心理—人际间过程进行详细论述。在本章中我将提出，向男性俄狄浦斯情结的过渡由与母亲之间的过渡性关系进行协调，与女性发展中的论述类似（见第五章），但其重点却有着很大不同。这种不同是这样一个事实的结果——俄狄浦斯母亲是，又不是小男孩在发现她（和他的父亲）是外部俄狄浦斯客体之前所爱着

1　弗洛伊德在1897年10月15日给弗利斯（Fliess）的信件中提到了构成俄狄浦斯情结各观点的重要性，但直到1910年才公开地使用俄狄浦斯情结一词。

的、恨着的同一个母亲。由前俄狄浦斯和俄狄浦斯爱的客体（在积极的俄狄浦斯情结中）的心理亲近引起的混乱对男性发展具有特殊意义，并且要求男孩的发展中有必要有一种与众不同的心理解决方案。在解决由小男孩前俄狄浦斯和俄狄浦斯爱的客体的一致性导致的问题中起基础作用的是作为发展中的性意义（sexual meaning）和人格同一性的潜意识组织者的原始情景幻想（primal scene phantasy）[1]的角色[2]。这一系列的幻想（原始情景幻想）在男性和女性发展中都带有强烈的第三性的感觉。由他者（第三者）提供的母亲和儿童之间的空间为正确象征形式的精细加工、主观性以及存在于对外部的发现和对性与生育之区别的认识之中的个体全能力量的妥协提供了许可。向男性俄狄浦斯情结的发展必然包含这样一种心理状态：俄狄浦斯客体母亲的外部一直处于被前俄狄浦斯母亲的阴影玷污的危险之中。男孩这一发展阶段中的心理任务并不是放弃前俄狄浦斯母亲，而是在与母亲的前俄狄浦斯和俄狄浦斯之爱之间建立一种辩证张力。

---

1 "原始情景幻想"一词指的是一组以观察的父母亲的交流为主题的有意识和潜意识的幻想。这些幻想的特征包括：不同程度的原始性；一系列客体关联模式；对幻想中每一形象的不同形式和程度的认同；等等。

2 在女性发展中，在俄狄浦斯情结的入口处有着重叠却又不完全相同的心理困难。例如，在这一连接点上对母亲的认同不可避免地倾向想与她在一起的愿望（相对于仅仅是像她来说）。对以下内容的讨论超出了本章的范围：原始情景幻想在促进小女孩对自己和她的俄狄浦斯和前俄狄浦斯母亲（们）进行的区分、她对性和生育区别的认识以及女性俄狄浦斯情结的发展中所扮演的角色。

弗洛伊德的观点

尽管弗洛伊德（1925，1931）理解朝向俄狄浦斯情结的心理运动的重要性，但是看上去他却没有认识到男孩的这一过渡中固有的潜意识冲突的性质。"在两种情况（即男孩和女孩）下，母亲都是原始客体，而男孩在俄狄浦斯情结中保留这个客体*并不奇怪*"（Freud，1925，p.251，增加了斜体字部分）。

我认为弗洛伊德并没能将男孩在俄狄浦斯情结中将其母亲保留为爱的客体时所面临的心理问题的性质充分概念化，因为他（弗洛伊德）只是刚刚开始对内部客体关系有笼统的理解，以及对小男孩和母亲之间的前俄狄浦斯关系有特别的理解[1]。

弗洛伊德（1921）提出，对男孩来说，俄狄浦斯情结的建构包括了个体心理生活的两个最初是独立的方面——男孩与母亲之间的性的纽带以及他对父亲的理想化——"不可抗拒地走向统一"（p.105）。他进一步地认为原始情景幻想在俄狄浦斯情结的"史前

1　弗洛伊德（1925，1933）在努力阐释他所说的小女孩在俄狄浦斯情结入口处对母亲的愤怒拒绝的过程中，开始形成小女孩和她母亲之间的前俄狄浦斯关系的概念。"除非我们领会到她们对母亲的前俄狄浦斯依恋，否则我们就不能理解女性"（Freud，1933，p.119）。然而，弗洛伊德仍旧相信母亲与儿童之间的前俄狄浦斯关系在男孩发展中的意义比在女孩发展中的意义要小得多（参见，Laplanche and Pontalis，1967）。

史"中扮演着重要角色。弗洛伊德认为原始情景幻想是普遍的，因此认为假定它们来自目睹父母性交的经历是不合理的。而且他将这些幻想理解为在演化过程中遗传下来的一组"原始幻想"的一部分（Freud，1916—1917），换句话说，物种经验的生物遗传的部分。

> 我认为（在这些原始幻想中）……个体在自己的体验非常不成熟的一些方面超越了自己的体验而到达了原始体验。在我看来，非常可能的是，今天我们被告知的所有在分析中是幻想的东西——被诱惑的孩子、因目睹父母性交而燃起的性兴奋、阉割威胁（更确切地说是阉割本身）——在远古时期的人类家庭中是曾经真实发生过的，儿童只是在他们的幻想中用史前事实填充了个体事件真相的空白。（pp.370-371）

就如我之前讨论过的（Ogden，1984），这并不意味着某一幻想（一系列的思想和感受）是遗传而来的，而是在沿着特定的、业已决定的路线组织体验时，有着结构上的心理准备。我将这一结构形式称为*心理深层结构*（psychological deep structure），并认为它与乔姆斯基（Chomsky，1957，1968）描述的语言深层结构类似。虽然弗洛伊德将原始情景幻想视为俄狄浦斯情结史前史的一部分，但他并未详细阐述这组幻想影响俄狄浦斯情结发展的方式。虽然弗洛伊德常常被指责没有充分解释女性性发展的问题，但我认为，他对小男孩进入俄狄浦斯情结中问题的关注要少于对女性进入俄狄浦斯情结中问题的关注。我同意弗洛伊德的观点："在男孩的俄狄浦斯情结的史前史方面，我们距离真相还很遥远"（1925，p.250）。

从过去四十年中对前俄狄浦斯内部和外部客体关系的理解来看（参见，Bion，1962；Chasseguet-Smirgel，1984a；Fairbairn，1952；Jacobson，1964；Kernberg，1976；Klein，1975；Kohut，1971；Lewin，1950；Mahler，1968；Searles，1966；Spitz，1965；Stern，1985；Winnicott，1958），仅仅宣称"男孩将母亲保留为……俄狄浦斯情结中的客体并不令人惊奇"（Freud，1925）已经不够。相反，我认为，男孩有着显而易见的理由不将母亲保留为俄狄浦斯情结的客体。除了俄狄浦斯情结固有的心理冲突之外（比如乱伦禁忌和对爱之客体的冲动愿望），男孩还必须将一个他体验为全能的且部分区别于他自己的客体，作为他的浪漫和性的愿望与幻想的核心。比之将男孩的俄狄浦斯情结客体选择视为不可避免，我更相信我们必须问一下"对小男孩来说，怎么做到将母亲作为其俄狄浦斯之爱的客体，以及在与母亲的关系从前俄狄浦斯向俄狄浦斯阶段过渡时，起协调作用的心理—人际间过程是什么样的？"

虽然分析理论提出了很多俄狄浦斯情结的前提，比如原始情景幻想的角色（Chasseguet-Smirgel，1984b；Green，1983；McDougall，1980，1986）、俄狄浦斯客体关系开始的时间选择（Bibring，1947；Galenson and Roiphe，1974；Heimann，1971；Klein，1928；Parens et al.，1976；Sachs，1977）以及俄狄浦斯情结结构上的前身（Fairbairn，1952；Klein，1952b；Winnicott，1960b），分析性论述并未包括对男孩进入俄狄浦斯情结起协调作用的心理—人际间过程的深入讨论。

男性俄狄浦斯情结之门的窘境

小男孩与前俄狄浦斯母亲之间的关系为俄狄浦斯情结构建了一个危险且有问题的前提。进入与母亲之间的性爱和浪漫关系的过程充满了焦虑，部分地是因为她与全能的前俄狄浦斯母亲有着神秘的相似之处。对女孩来说，处于俄狄浦斯情结之门的客体变化包括的心理问题的优势在于她的这一任务：不受伤害地完成从与一个内部客体的关系过渡到与一个小女孩尚未遇到且不能全能地控制的外部客体间的爱的关系（Ogden，1985a）。因此，女孩的危险很大一部分在于要飞跃进处于她全能力量控制之外的外部的深渊。就如我在第五章中讨论过的，通过与"母亲中的父亲"和"父亲中的母亲"之间的过渡性俄狄浦斯关系，在其中，小女孩处于与她的（俄狄浦斯）父亲还是与她的（前俄狄浦斯）母亲之间的关系中的问题从未出现，这种冒险是可以忍受的。就如在其他形式的过渡性现象中一样，一种幻想创造于过渡性的母女关系中，这种关系既是与（已知的）母亲间的也是与（仍旧未知的外部客体）父亲之间的。有一种柔软中的坚硬（母亲中的父亲）使得父亲可以同时既被创造又被发现，因此才有可能产生这样一种飞跃——小女孩爱上她还没有遇到的外部客体父亲。

对小男孩来说，存在着一个双重的心理问题，即在俄狄浦斯情结门口处，心理危机的分布与女孩遇到的不同。男孩在进入俄狄浦斯情结时遇到的危机并不仅仅在于这一点——俄狄浦斯母亲（和父亲）是危险的外部存在，因此是未知的、不可预见的以及无法控制的。造成这种具有男孩特色的心理连接复杂性的原因是，他在爱上俄狄浦斯母亲之时，必须尽力在他自己和强大的前俄狄浦斯母亲之间拉开距离。他将前俄狄浦斯母亲当作一个原始的、无所不能的、部分分化的客体，自己被她催眠且洞察，而自己则无情地利用她、用全能力量将其毁灭并进行再创造（Winnicott，1954）。她还有着温暖和安全的热度，使得他同时以一种既充满欢喜又感觉恐惧的方式"溶解"，因此这种"溶解"导致他失去了与自己在哪里停止、她在哪里开始这方面知识积累的联系。

性意义的结构

男性发展中早期俄狄浦斯阶段的任务是在创伤性地发现他者的危险和将俄狄浦斯浪漫体验为完全由前俄狄浦斯母亲的阴影操控的危险之间安全地寻求一个通道。这一行进在外部俄狄浦斯客体母亲的斯库拉（Scylla）和无所不能的前俄狄浦斯卡律布狄斯（Charybdis）[1]之间的两难旅程部分地由原始情景幻想进行协调，以组织起性的意义和身份。从这个视角来看，原始情景幻想并不简单地是一个令人兴奋的关于父母性交的性和侵犯想法的组合，它们是将会逐渐构成成熟的俄狄浦斯情结的内部和外部客体关系的组织者。

担当着进化的性意义和身份组织者角色的原始情景幻想绝对不是一个静态的存在，而是一个思想和感受的集合，在这个集合中，客体关联形式、主观性程度、防御模式以及影响的成熟性和复杂性全都处于一种进化和变化的状态。目睹到的父母性交影像是作为一种模式、一种思所不能思的方式。构成幻想的客体最初主要是以部分客体的形式参与到与混合着暴力的神秘的性的斗争之中的。最初在对这些幻想的体验中，只有极少的解释性主体，而占绝对优势的是一个作为客体的自体，这个自体是情景的一部分，几乎没有被从情景中移开的感觉，作为一个能够对个体对其反应进行思考和理解（解释）的观察性主体的感觉更少。尽管如此，在原始情景幻想结构中一直有着与生俱来的基本的第三者（thirdness）感觉。

1　斯库拉和卡律布狄斯是希腊神话中的两个海妖。她们各守护着墨西拿海峡（Strait of Messina）的一侧。斯库拉本来是一位美丽的仙女，因为女巫喀耳刻（Circe）妒忌她的美貌而把她变成了怪物。她抓住过往船只的水手并且吃掉他们。卡律布狄斯是一个怪物，她能够在一天之内三次吸入又吐出海峡中的水。短语"在斯库拉和卡律布狄斯之间"的意思是"左右都是危险，左右为难"。海峡靠近陆地的一侧有一块危险的岩石，被称作"斯库拉巨岩"，西西里岛一侧的一处漩涡被称作"卡律布狄斯漩涡"。——译者注

　　构成俄狄浦斯情结早期边界的原始情景幻想的更原始版本被投射进一个主要是偏执—分裂的模式中[1]：男孩是一个性 / 侵犯事件的一部分，这一事件有着男孩沉浸其中的强烈感觉体验的特性。一个病人在其第三年的分析中强烈地感受到了这种形式的体验的特性。这个病人呈现了这样一个屏障记忆（screen memory），在其中，他年方七岁，在父母的卧室中"四处摸索"，寻找床边的落地灯的开关，一不小心，他将手指放进了灯的插座里。他以前从未体验甚至从未想象到的奇怪的震动感传遍了全身。他不知道发生了什么，但是那种感觉如此强烈，他"知道"如果自己不立即停止，他就会死掉。他感到自己对身体和肌肉失去了控制，不能将手从插孔上移开。病人讲道，他明显地感到自己被两个"东西"抓在中间。他后来通过将这两个"东西"想象为插座和落地灯来理解这种感受。他感觉自己变成了它（它们）的一部分，就像自己是将二者合到一起的零件。然而，在当时，体验中并没有"就像"的特性——他自己就是这种连接（像阳具一样的）落地灯和（像阴道一样的）插座的强大力量的一部分。

　　这种屏障记忆代表了一个建立于相对原始的潜意识原始情景幻想之上的心理结构。有着一种什么危险正在发生，病人成为其中一

1　简单来说，我使用偏执—分裂模式一词指代具有以下特征的体验产生模式：（1）对作为个体思想和感受的作者和解释者的自我的体验的容量非常有限；（2）象征物和被象征物几乎没有区别的象征形式（"象征等式"，Segal，1957）；（3）部分客体关联；（4）使用万能的思考、分裂以及投射性认同，以服务于防御和体验组织（更多对偏执—分裂模式的讨论，见第二章和Ogden，1986）。

部分并且无法自我解救。病人几乎没有带有思考和行动能力的自体感——仅有的一点点这种自体感觉就像是溶解为无物了（在这种体验的压力下会被杀死的恐惧）。

在这个病人的分析中，我们逐渐了解到，屏障记忆代表了创造一种叙述方式的努力，以包含那些他在儿童时期一直挣扎摆脱的令人恐惧和过度令人兴奋的潜意识原始情景幻想。在其所创造的这种特别的屏障记忆中，病人全能地被等同于将母亲和父亲、阳具和阴道相连接的性的力量。可能更确切地说，是他自己变成了那种力量。通过这种方式，病人并没有被性行为排除在外，他就是其中的力量。在精神上，病人将自己体验为就是性行为中的那种力量（那种危险的、分裂性的、令人兴奋的、联系性的力量），而且无须多久他就能拥有那种性的力量[1]。

即使是在这一原始情景幻想的原始版本中，也有一个第三者元素（例如，在病人精细地持有着的观察和描述此经验的能力中）。这种第三者在发展过程中具有变成完全的三角客体关系的潜力，这种关系正是原始情景幻想的更成熟版本和俄狄浦斯情结本身所具有

1 　拉康（1956—1957，1958）曾经对男性发展中从未经调停的作为阳具（为他者）的感觉转向被象征性地调停的拥有一个阳具的经验作过论述。

的特征[1]。

过渡性俄狄浦斯客体关联

对小男孩（和小女孩）来说，从原始情景幻想的偏执—分裂版本向成熟的俄狄浦斯情结的过渡在心理上和人际间的协调是由与母亲之间的关系来进行的，这种关系类似于但又在发展上晚于温尼科特（1951）所描述的与过渡性客体之间的关系。矛盾的是，是通过

1　无论是在女性还是男性的发展中，原始情景幻想（甚至在其原始形式中）都是创造第三性的一种重要的工具。原始情景幻想提供的第三者看上去在男性和女性发展中具有不同的意义。对男孩来说，作为俄狄浦斯欲望客体的母亲一直处于因他对前俄狄浦斯母亲的依恋而受到损害的危险之中（参见，Stoller，1973）。而对于女孩来说，因为有真实的客体转变，所以俄狄浦斯欲望客体的他者的损害所表现出来的威胁就少了几分。但是，在女性发展中，存在着这样一种危险，即小女孩成熟的对母亲的俄狄浦斯认同会崩塌，从而与前俄狄浦斯母亲合并为一种原始的感觉（参见，Chodorow，1978）。对小女孩来说这代表了一种心理危险，它有点类似于却又明显区别于男性发展中俄狄浦斯母亲（作为爱的客体）向前俄狄浦斯母亲的坍塌。这些心理危险形式的区别部分地决定了男性和女性发展过程中对原始情景幻想进行加工和使用的不同方式。

与母亲（一个女性）的关系，小男孩才得以获得一个阳具形象[1]；俄狄浦斯三角关系发展于与母亲的二元关系之中；男孩的男性认同和父性理想源于与一个女人的关系。

在与母亲之间的过渡性俄狄浦斯关系之中，小男孩遭遇了阳具意义上的第三者。在这种关系中，母亲同时被体验为母亲中的父亲和父亲中的母亲。而哪个才是事实的问题却从未被问及。是母亲的一系列潜意识内部俄狄浦斯客体关系构成了这样一个框架，在其中与小男孩之间的俄狄浦斯过渡性关系才得以发展。母亲通过自己所认同的她的内部俄狄浦斯父亲将阳具意义的父亲带到她和儿子之间新兴的俄狄浦斯关系中来。

母亲潜意识俄狄浦斯客体关系中牢固确立的内部客体父亲的缺失会产生一种情感的真空，从而使男孩缺失对俄狄浦斯情结进行心理和人际间加工的一个重要因素。实际的父亲只不过是小男孩在为自己产生阳具形象意义的过程中将要认同的阳具形象的第二承担者。最初，由于在母亲的潜意识中存在着父亲意象，所以并没有母亲和婴儿这样的存在（参见，Green，1975）。

母亲的潜意识俄狄浦斯情结包括一个回响性的、相互促进的客体关系体系，母亲在其中同时是一个爱上父亲的小女孩、一个爱着

1　小男孩生而就有一个阳具，但这并不是说他生来就有阳具形象。前者是解剖学结构，后者则是男孩最终归因于自己作为一名普通男性的自我感觉，尤其是自己阳具的心理再现的一系列象征意义。只有通过将阳具形象的意义归因于他自己这种能力的发展，小男孩在性的方面才会变得强大（因为阳具形象和阳具并非对等，小女孩同样也会在她们的生殖意义、性能力、在世界上的权利等诸如此类的方面发展出其阳具形象的意义）。

他的女儿的父亲、一个爱着自己丈夫的母亲，又是保护性地守卫着代际边界的父亲和母亲（这些客体关系当然只是构成潜意识俄狄浦斯情结的一众客体关系的小小样本）。认同这些内部客体关系中每一种的母亲被她的儿子在他们的关系中以各种不同方式在心理上加以利用[1]。在俄狄浦斯情结的入口处，母亲既是使男孩拥有性的力量的内部客体父亲，又是作为男孩性欲客体的外部客体母亲。这种结构通过"幼童的一个常见幻想（fantasy）"进行理解（McDougall，1986，p.26）：儿童想象自己躺在"父母之间，此时，父亲将其阳具放入小男孩体内，他因此长出了一个可以进入自己母亲之内的强大阳具"（p.26）。

作为过渡性俄狄浦斯关系核心的悖论的女性中的男性、二者中的第三者，在小男孩开始进入更成熟的俄狄浦斯客体关系时，最终构成了一个原始情景幻想的新版本。在这一结点上，原始情景幻想被发展为一个对父母性交行为进行观察的故事。过渡性的俄狄浦斯母亲曾经以一种矛盾的方式表现为母亲中的父亲和父亲中的母亲，而现在被加工为故事中的一个形象，在这个故事中，父亲和母亲有着更加明显的区别，而后在性交行为中合为一体。换句话说，性别的不同第一次得到清晰的认识，同时，一个新的共同体被创造出来：儿童对性交认识的共同体包括父母双方，二者互不相同，也都与自己不同。在这一更加不同的原始情景幻想版本中，小男孩不再把自

1　由于每一个儿童都以不同的方式利用自己母亲的潜意识，因此不存在有着同一个母亲的两个儿童。

己体验为部分客体世界中性兴奋的化身，而是一个全客体世界的主体，他体验到拥有阳具的性兴奋，并且他——通过对父亲更加成熟的认同——将母亲作为爱和性欲的客体。而同时他"仅仅是"性行为观察者的这一事实完全将他与会使他有失去身份的乱伦危险隔离开来 [在此，强调一下下面这点很重要：危险的不仅仅是阉割，还有在被母亲包含时由于自体感的崩塌而致的毁灭（参见，Loewald，1979）]。

　　在这一原始情景幻想的新版本中有一个重要的（但并不全是受欢迎的）提示，即小男孩毕竟是母亲的儿子，而不是丈夫；在现实中，他在情感上和性方面都是不成熟的，而他的父母亲在情感上和性方面都已成熟；他是父亲的儿子，而不是父亲本人。这些体验上矛盾的外部现实提示帮助小男孩将原始情景幻想控制在一个潜在空间里，在这个空间中，潜意识的思想可以对抗幻觉和错觉。与母亲之间过度色情的客体关系则使得这些幻想和现实难以区分。在这种环境下，精神病性的认同（我就是我父亲）取代了成熟的认同（我像我父亲一样）[1]。

1　当母亲和儿子之间过度性化的客体关系使得小男孩妄想性地将自己的成长体验为由全能的愿望引起的神奇过程时，心理发展就会短路。这对立于渐进发展个体的正常成长感，在正常的成长过程中，个体在客体相关体验和缓慢成熟的身体及心理发展过程的基础之上，随着时间进程学习和发展。发展短路会导致全能思想的过度增长，它既发生在真实的乱伦环境下，也发生于导致母亲和儿子都认为他们成功地建立了一种排外的婚姻关系的性化的感应性精神病的环境下。

临床案例分析

下面我将简短地对一个分析进行部分描述，在这个分析中，移情—反移情现象清晰阐明了向男性俄狄浦斯情结过渡中的一种早期困难。

L 博士是一名 36 岁的生物化学家，他前来咨询是因为他认为自己命中注定要过"相当好，但在任何方面都不出色"的生活。他曾经希望成为一名大学化学教授，但却没有为此付出太多努力。结束生物化学博士学习之后，他接受了由一家制药公司的招聘人员提供的第一份工作。同样，他与第一个表现出爱他并想嫁给他的女人结了婚。对 L 博士来说，有女人愿意嫁给他简直难以置信。他有两个儿子，但他却说自己并没有感觉他们是自己的儿子，他不知道做父亲是什么感觉（他后来袒露了自己的幻想：他想象他的儿子是他妻子和别人偷情时怀上的）。

L 博士坚持认为自己的生殖器很小。他从不在男衣帽间淋浴，也从不使用公共厕所的小便池。起初，他担心分析师揭开的"真相"是他是个同性恋。他将有一个小生殖器等同于同性恋。L 博士解释说，他对男性从来没有性吸引力，与男人发生实际性关系的想法令他感到厌恶。他承认自己曾经做过几次同性恋的梦，但又急忙补充说他曾在书中看到，这是"正常"的。

这一分析值得注意的是被分析者所表现在心理感受性上的惊人

缺失。L博士看上去是一位极力想表现为一个好病人的病人，但是，尽管——或者说是因为——他竭尽所能，也只是通过苍白的模仿来表现出具有洞察力。他日复一日地前来我的办公室为咨询劳累，却不向我寻求任何帮助，而且看来他也没想要任何帮助。这一点逐渐地清晰起来——病人并不期望我们之间有任何形式的对话。

在进行分析一年后，我告诉病人，我认为他对我们两个真正地对话不抱任何希望，更不希望在分析过程中有任何的改变。L博士被我的话吓了一跳，并说对他来说我们之间永远都不会真正地谈话。为什么我要和他说话？他说，确实他从未多么希望分析会对他有什么价值，他也承认他前来咨询仅仅是因为妻子的催促。L博士说，他曾认为如果他一开始就告诉我自己并不期望从我们的咨询中获取任何东西，我可能不会同意为他咨询。当真实想法可以"这样直白地被摆在桌面上"时，病人看起来轻松了。这一形象引起了我自己对病人的幻想：一块被扔在晚餐盘（沙发）中的平淡无奇的肉，任人宰割，却没有任何诉求。我更加清晰地感觉到，这个人为自己获取安全感的方式是不期望也不欲求任何东西。他所残留的欲求能力由其他人来承载——他的妻子、他的孩子、工作招聘人员，现在是我。

通过描述，我得知L博士的母亲比较蔑视他的父亲，因为他挣的没有她朋友的丈夫挣的多。她常常把他和自己的父亲比，她父亲曾经是一名非常富有的商人，说她父亲"真挚地"爱着自己的家人，对他来说，让孩子们为自己的生活、居住的房子、穿衣方式等感到自豪是很重要的事。

L博士将自己的父亲描述为一个好心的男人，而不与自己的妻子大胆对抗。虽然偶尔被妻子唠叨烦了也会反抗，但大部分时侯"被指责时都老实认错"。

继对自己在分析中获取任何帮助的无望进行说明之后，L博士不再那么努力模仿他想象中的其他人在分析中可能会有的行为，而是发展出一种无意义感。我评价说他看来是感到不知道如何利用我或分析。结果就是他感觉不到任何正在发生或可能发生的事。但是，他的绝望体验代表了分析的一个重要转变：我第一次感到好像房间里有两个人，他们正体验着真实的、确切的、可以被命名的感受。尽管如此，由于L博士与我异常疏离的感觉（他不知道在我办公室里在做什么的感觉），所以几乎完全缺乏两个人一起合作完成一项工作的感受。

L博士羡慕地说起他那些"崇拜"或"轻视"其分析师的朋友，他无法理解他们的感情。病人说在他看来我与其他人并无二致："你穿裤子时一次伸一只脚。"这种有意识和潜意识的关于我不穿裤子的幻想捕捉到了病人对于我的体验——对抗性和阳具的抗原体。在潜意识幻想中，我在将自己的阴茎插入一个阴道（把脚伸进裤腿），而且关于生殖器力量的体验和性交的危险通过将此行为降低到可能的最乏味、最世俗的水平而被消除了。另外，既然这退化的阴茎和阴道都是我的，那么这个幻想的内容就是我和我自己性交。通过这种方式，他拒绝承认性别差异，拒绝拥有或分配性力量（病人对洞察力的缺乏同样创造了一种人际互动，在这种互动中，他和我在生殖器方面都不强大）。

在此背景之下，下面我将集中介绍第三年分析的部分工作。在分析的头两年中，病人发展出了对自己和母亲的童年关系进行审视的非常不同的有利角度。他说他以前认为自己的母亲和她的父亲（他的外祖父）之间有着很特别的关系。病人的外祖父看上去对母亲来说如上帝般非常强大，以至于"没有任何男人能够取代他在她神殿中的位置"。他说他现在认为这种关系包含了母亲对外祖父非常奇怪的理想化。在分析过程中，病人曾经对其母亲和外祖父之间的关系产生了强烈的好奇。最后，他和姨妈及舅舅就他们的童年进行了交谈。从这种"侦察工作"中获得的偷窥快感被L博士称为"我对母亲的'另一种生活'的病态迷恋"。

L博士最后将母亲对其父亲的崇拜看作她潜意识中拒绝承认自己被他忽视这一事实的努力。病人的外祖父是——据病人所知——一个极其自恋的男人，他很少关注自己的孩子和妻子。在家的时候，他要求绝对的安静。他的周末在俱乐部度过。孩子们与父母分开吃饭，在他回家之前就被送到他们自己那层的房间里。这种安排一直持续到孩子们的少年时期、可以保持父亲所要求的安静和礼貌为止。L博士意识到自己在梳理母亲家庭故事的这一版本时所感受到的满足。

在分析的同一阶段，病人带着强烈的羞耻感讲到从他记事起就是他幻想生活一部分的手淫幻想（更确切地说，是一系列围绕不变核心主题的各种幻想）。L博士说他曾希望能够"完成分析"而不必与我谈论他的这部分生活。然而，他感到现在自己被与我肛交的闯入性思想所折磨，所以，除了讨论这个别无选择。他极度地焦虑，因为他认为这些思想意味着他是个同性恋。他感到以前从未体验过的失控，并且害怕因为自己难以集中注意力会导致失业。

在这些可以追溯到童年的手淫幻想中，病人可以听到母亲在黑暗的卧室中呼唤他。她的声音甜蜜而诱人，但是其"音色"他以前从未在她那里听到过，所以他并不确定那真的是她。他怀疑她被外星来的生物占据了。他感到既兴奋又害怕，希望父亲在那，能去看一下发生了什么然后告诉他那是否真的是母亲、进去是否安全。他觉得如果自己进去了，不管房间里是什么都会把他杀死。但是，他又不认为可以把母亲自己扔在那儿，因为他不想她被任何控制住她的东西伤害或杀死。他感觉自己必须在拯救自己和拯救母亲之间做出选择。但是他不能做出选择，并且由于紧张而瘫软。同时，他想知道是否自己徘徊逗留是为了听到来自那个房间的奇妙的令人兴奋的声音。

在分析过程中谈到这一系列的幻想，代表着分析的第二个转折点。接下来就是对病人手淫幻想的潜意识主题进行进一步加工的移情。L博士开始体验到迫切需要让妻子参与到分析中，他坚持地、一再地、多次恳求我告诉他她可以咨询的分析师的名字。在应他要求进行的对幻想的讨论中，有一点逐渐清晰起来——病人思想中有一个"年长的男性分析师"，"已经在周围待了一段时间，而且知道他在干什么"（这一描述与病人当时对我的体验形成鲜明对比）。L博士威胁说，如果我不按他的要求做，他就破坏咨询。病人意识到他本来可以去找其他几个人为妻子寻求分析师的名字，但并没有丝毫降低他不屈不挠地在表演这一内部戏剧时要求我参与的热情。

　　我告诉 L 博士，我认为他感到在分析中绝望地被我束缚，就像他除了想办法找出一个父亲进入那个房间去看看发生了什么之外，无法逃脱我的网。病人回答说他感觉好像自己不再知道我是谁，我想对他做什么，或者他如何才能离开我而主导自己的生活。他想让我为他妻子推荐一个人的想法最终被病人理解为潜意识中试图通过我（移情的前俄狄浦斯母亲）带来一个能够作为"真正父亲"的"真正的""生殖器意义的俄狄浦斯"丈夫，从而创造出一个家庭来（另外，还有着一个有关父亲的移情，在其中他的体验是我不能成为那个"真正的父亲"）。后来，他告诉我，我看起来那么像一个女人，以至于他在我的卫生间中嗅到了女性阴道的气味，并把这种气味与我相联系。他说当他想到要到我的办公室来，想象它是一个那么小的房间时，他就无法呼吸，就会感到恐慌（他童年时曾有过电梯恐惧症，且多年来为了避免使用电梯而爬很多层楼梯）。

　　病人接下来又详细地描述了他之前在分析中只是含糊地提到过的一些事情：从潜伏期起，他就穿着母亲的内衣手淫，而结婚后，他又穿着妻子的内衣继续这一行为。L 博士说，在这些时候，他在手淫时会将自己想象成带有阴茎的母亲。我对他说，在这个幻想中，他并不需要一个父亲和他一起进入那间卧室，因为在这个场景中，他就是他的母亲：根本就没有父亲、没有儿子、没有男性和女性的区别，所有事物都坍塌为一个人、一个性别。

　　L 博士在这个手淫幻想中创造了对母亲的妄想性性认同，因为幻想中唯一存在的性征（缺少一个生殖器意义的父亲）是被归入可能会变成男性特征的女性性征。生殖器的第三者看来只是被精细地呈现于病人母亲的潜意识俄狄浦斯客体关系中。母亲防御性地理想化的父亲看来也只是一个重要俄狄浦斯客体的影子。L 博士的父亲并不能完全弥补母亲潜意识思想中未完全呈现的俄狄浦斯父亲（没有什么外部客体能够完全代替一个脆弱的内部客体）。在分析的这一阶段，病人可以理解无论是母亲还是他都不能利用他父亲的那种方式：现实中的父亲形象被降低为仅仅存在于母亲的潜意识思想和期望中的俄狄浦斯父亲的不完全替代品。与母亲中的父亲之间过渡性俄狄浦斯关系的可能性，看来已坍塌为一种与用来否认性别差异的性化的前俄狄浦斯母亲之间的妄想性关系。

在分析过程中，L 博士开始认为他的父亲有着他之前并未看重的力量。他逐渐感觉他的父亲不必只被看作一个没有野心的男人。从病人以前从未考虑过的另外一个角度来看，他开始将父亲看作一个既不太关心社会形象也不太关心物质财富的男人。L 博士说，他的父亲深切地关心政治动因，这一点是被母亲拒绝接受的，她认为这些说好听了是不切实际，说不好听则是任性地浪费时间，将他的注意力从金钱和商业的"真实世界"中吸引开。在二十世纪五十年代，他的父亲在南部城市没有白人做同样事情的情况下，因为雇用黑人而使自己陷入极大的危险中。父亲的这一面虽然在病人生命之初就已明显地表现出来，在病人之前的认同中却未被利用。病人说，在他与父亲的关系中，有一些非常令人悲伤的事：问题并不是他没有父亲，而是他没有意识到自己还有个父亲。他说他不仅为错过了与父亲建立全面关系而感到深深遗憾，而且还因为欺骗父亲让其感觉像一个父亲这一事实而感觉更糟。

在父亲的移情中，L博士第一次在没有为我们这一过程中会变成女人或同性恋感到焦虑的情况下感受到对我的爱。这种焦虑曾经表现为与我肛交的侵犯性想法。如果存在的唯一的性是病人想象的强烈的母亲的性，那么就不会再有与另一个根本没有表现为同性恋的男人（也即缺乏生殖器意义第三性的性别）的爱的关系或对他的性认同。对这位病人来说，同性恋是生殖器父亲被母亲包含而只留下一个缺乏男性特征的退化性别的反映。由于这些感受是在移情中得到体验和理解的，因此闯入性的"同性恋"念头减弱了。

虽然L博士从朋友处听说我写过几本书和一些文章，但他却从未阅读过，因为他怕自己不喜欢或不能理解它们。换句话说，他害怕自己的反应会将自己或我降低一个级别。但在分析的这一阶段，L博士阅读了我的一本书，并说他的反应令他自己感到惊奇：他为我感到骄傲。他说他以前从来没对自己或与自己有联系的任何人的任何方面感到骄傲过。

第三性的缺失

就如L博士的分析资料所呈现的那样，男孩母亲对自己父亲认同的贫乏导致了（男孩）失去他者（即丢失的母亲中的父亲）的感觉。于是小男孩发现自己与俄狄浦斯母亲在一起时在心理上是孤单的，而这一事实从几个方面对他的发展产生了重大的影响。首先，几乎没有可以被认同的阴茎存在感，因此也缺乏让生殖器变得强大的机会。其次，生殖器的第三者（母亲中的父亲）宣称其妻子是他自己爱和性欲的客体，并因此规划出一道代际边界的保护性禁止，但是小男孩并未因此对朝向母亲的性欲绝缘。一般由父亲（最初是母亲中的父亲）提供的保护性禁止行为，在小男孩躲开那种他可能真的会面临的、被叫去参与到真正的与母亲进行性结合这一绝境的灾难性感受时，起着关键作用。如果没有可认同的进行保护性禁止的母亲中的父亲，原始情景幻想会变得令人恐惧并且必定会通过不正当[1]的性方式来进行防御。缺少母亲中的父亲的原始情景幻想是一个与未经协调的二元关系中的全能母亲进行性交的幻想。但是，除此之外，这一母亲已经开始承受生殖器上的女性性倾向（female sexuality）的可怕的冷淡。这一女性的性倾向不是由母亲中的父亲——阴道中的阳具（母亲对她自己父亲的认同）来保证安全的。对男孩来说，不被禁止的女性性倾向成了令人害怕的性讽刺漫画，因为它以在幻想中被母亲毁灭的父亲的缺失为标志（见 McDougall，1982）。与生殖器父亲的毁灭不可分割的是性倾向，也因此是性倾向阻挡了小男孩进入性和感情成熟以及获得成熟的男性身份。

1　我使用"不正当"一词指代用来否定外部客体和性别差异的分离，并因此干涉抑郁态加工的性形式（参见，McDougall，1986）。

小　结

在本章中，我提出，进入男性俄狄浦斯情结的调节工作是由过渡性俄狄浦斯客体关系的发展以及原始情景幻想的逐渐成熟形式的加工协同完成的。在男性发展中的过渡性俄狄浦斯关系中，母亲同时被体验为万能的前俄狄浦斯母亲、引起性兴奋的外部客体母亲以及（通过母亲对她父亲的潜意识认同）生殖器意义的俄狄浦斯父亲。就是在这一幻觉（由母亲和儿童产生）中，外部客体俄狄浦斯母亲（和父亲）可以不受伤害地被发现，三角化的俄狄浦斯情结才开始被加工。

男性俄狄浦斯情结建立于一个脆弱易损的基础之上。对小男孩来说，外部客体母亲与前俄狄浦斯内部客体母亲有着惊人的相似。这部分地源自这样一个事实：在女性俄狄浦斯情结发展中通常没有爱的客体的改变。小男孩强烈依恋于——以及他感觉上需要——前俄狄浦斯母亲是一种倾向于使他永远停留为一个婴儿和儿童的强大力量。他不能变成一个与魔法女巫有关系的男人，他只能徒劳地努力让自己变得有魔力。原始情景幻想的多种功能之一就是小男孩在俄狄浦斯情结入口处努力寻求解决这种两难境地的方法时所使用的。在这一节点上发展出的原始情景幻想的一个版本中，小男孩是父母性交的外部观察者，但同时又是一个参与者（通过对父母各自的认同）。在这一原始情景幻想的相对不同版本中，小男孩创造出这样一个故事：在其中有着对性和代际区别的认识、生殖器强大（或令人强大）的父亲以及与全能的前俄狄浦斯母亲有联系又不被其包含的外部客体母亲。关于父亲的阴茎在母亲的阴道中的幻想具体代表着将之前存在于小男孩和全能的前俄狄浦斯母亲之间的二元关系三角化的第三者的存在。在原始情景幻想的这一版本中，小男孩在变成一个解释性的主体（观察者），他完全处于既不等同于阴茎，也不同于女性性倾向的全能形式，又不同于性兴奋本身的性行为"之外"。而同时他又完全处于在对父亲（最初是母亲中的父亲）的认同中将自己体验为有着强大生殖器的幻想 "之内"。

第 7 章

初始分析性会谈

我们不会停止探索，

而我们一切探索的终点

将是到达我们出发的地方

并且是生平第一遭知道这地方。

——T. S. Eliot，《小吉丁》

为了保持其有效性，对精神分析概念和技术，分析师必须一再地像第一次那样对其进行揭示。分析师必须允许自己对原本想当然的一些观点和现象感到新鲜和惊奇。例如，他必须能够接受因无处不在的潜意识思想的影响、移情的力量以及绝不让步的阻力把自己搞得措手不及，并且回顾性地将熟悉的名字应用于这些重新再发现的现象。分析师必须永远把自己当成一个新手，即有时候可能会去学习那些他认为自己已经知道的东西。本章内容是对我自己（以及其他新手）关于分析戏剧开头这一主题的思想汇集。由于这一主题涉及几乎精神分析理论和技术的各个方面，因此我不会试图让自己穷思竭虑。我对于初次分析性会谈的破冰点是初次会谈的分析过程和任何其他分析性会谈的分析过程之间毫无差别：与任何其他的会见相比，初次会见中的分析师、被分析者和分析都别无二致。

确立分析意义

　　在初次面对面的分析性会见中，分析师做的每一件事都意味着邀请病人对他体验的意义进行思考。那些对病人来说最平淡无奇的将不再被当作是不言而喻的。相反，那些熟悉的会被考虑、被仔细思考，会在分析过程中被再度创造。病人的思想和感受、过去和现在，都具备了新的意义。因此，病人本身表现出他之前从未有过的意义。在分析背景中产生的特殊意义对整个过程来说是唯一的。对被分析者来讲，咨询室是一个极度安静的地方，因为他意识到自己必须找到一个声音，以用它讲述自己的故事。这种声音是他以前可能从未听到过的自己思想的声音（被分析者可能会发现他并没有一个感觉像是自己的声音，而这一发现继而会成为分析的起始点）。

　　分析师既要说又得忍住不要以这种方式来说话，即表明他不带任何评判地接受病人。而同时，病人和分析师都知道，他们在一起的目的是产生心理上的改变。分析师努力去理解为什么病人会是如其所示的样子而不能改变，而且他会含蓄地要求病人充分克服疾病以便运用分析。例如，精神分裂病人必须与分析师形成一种关系，以克服对与他人哪怕有一点点关系的恐惧；强迫症患者为了从他无休无止的沉思中获得帮助，必须充分克服沉思，以进入分析性对话；癔病患者必须中断长期以来组成（和代替）他生活的戏剧，以变成那种生活的观察者，而不仅仅是作为其中的参与者。

甚至在第一次会见之前，分析师已经是病人移情感受的客体了。除了将分析师看作一个受过训练以理解和（通过一些未知过程）帮助病人从心理痛苦中寻求放松的人，分析师也常常被病人体验为有治疗作用的母亲、童年过渡性客体、期望中的俄狄浦斯母亲和父亲等。有了这些希望，也出现了失望的恐惧。

就像病人在第一次会见之前就有一个（幻想的）分析师一样，分析师在初次会见之前在意识中也有一个病人（更确切地说，他有很多病人）。换句话说，在会见病人之前，分析师利用诸如病人在电话中的声音、相关介绍以及咨询师与其当前病人之间的关系等因素，作为对即将进行第一次会见的病人的有意识和无意识感受的来源。另外，与对初次会见的期望相联系的常常还有一种悬念的感受。病人和分析师都将进入一个人际间戏剧，许多脚本已为其写就（分析师和病人的内部戏剧）。如果此工作是具有创造性的，那么一个两者都从未想象到的戏剧将会被创造出来。伴随着兴奋的感觉，还有隐约的焦虑。对分析师和病人两者来说，从一个初次遭遇自己的内部世界和他人的内部世界的人的视角来看，初次会见所引起的危险在很大程度上会出现。激发深层潜意识心理一直是件危险的事。这种焦虑常常会被实践早期的治疗师错认。它被对待的方式就好像害怕病人会离开治疗，而实际上治疗师害怕的是病人会留下。

最近，一位病人以一种超乎寻常的清晰的方式向我描述她第一次会见之前所进行的思想斗争："在开始时，对我所害怕和感到羞耻的事情我该说多少？我该如何措辞？我不想让他认为我多么疯狂、多么不诚实、多么自私、多么引人注目，让他感觉非常不快，因此他很快会找借口甩掉我。以这种方式羞耻地暴露自己值得吗？我决定见他是不是一个错误？打电话的时候他让我感觉有点失望。我希望他年长一些，更像一个爷爷。他听起来像是有点疯狂，他看上去好像不知道自己的地址。他的办公室在某个破旧的街区。我怀疑他的工作是不是遇到了麻烦。"

当一位潜在的病人打电话咨询治疗和分析，我会建议我们约个时间进行咨询。我刻意使用咨询这个词以表明这次会见并不意味着我们一起工作的开始（除非我愿意将其作为一次咨询经历，而不管会见结果如何）。我这么做是因为，在谈话前我不知道自己是否能帮到他并愿意为他工作。影响这一决定的因素之一是我是否有一些喜欢这个病人，并且关心他和对他有兴趣。

分析师在努力明确病人要求的分析工作和分析双方都会遇到的困难的性质时试图在某种程度上按照诊断组织起自己的思路，这一点很重要。然而，除了一些例外情况（比如毒品或酒精成瘾病人，反社会行为，以及机体破坏严重的病人），我的分析工作一般会向遭受大部分心理困扰的病人开放（参见，Boyer，1971；Givacchini，1969，1979；Ogden，1982b，1986）。但是在我看来，如果人们要求为任何对分析感兴趣的人工作，那么他就要求得太多了。我认为，如果我们在意识到自己不喜欢一个病人的情况下还同意为他工作，那么对病人是一种伤害。有时候人们会说分析师应该可以分析他的负性反移情，因此应该能够为任何病人工作，不管其是否适合分析。在理论上可能确实如此，然而在实践中，我认为在不尝试将分析的大厦建立在强大的负性反移情（或者强烈的负移情）基础之上的情况下，分析任务已足够困难了。在我的经验中，无论如何分析师（或病人）都会认为这些移情是非理性的。这一警告在我看来同样适用于这样的例子——从一开始就有非常强烈的性欲的移情或反移情。

从另一方面来讲，在与病人谈话时，我不会将初始性会谈称为"评估期"或"评估阶段"，因为这些名称在我看来传递了这样一种观念，即病人在这一事务中是相对被动的。这些词汇会歪曲我的这一理解——初次会谈的功能实质上包含了分析过程的开始。初次会谈中互动的性质不仅仅是一个人对另一个人进行评价或者甚至两个人互相评价，而是——在我的观念中——这样一种互动：两个人努力去生成分析的意义，包括对初次会见中决策过程意义的理解。我的目的是，在此次会见中促进形成一种互动，将会建构出对病人有价值的分析经验，并使他感觉到其在分析中的意义。

除非初次会见之前移情焦虑极为严重，我并不认为在初次会见中使病人感到放松是分析师的工作。相反，我认为帮助病人不要错失一次认识和理解他与之斗争的移情思想、感受和感觉有关的一些知识的重要机会才是分析师的职责所在。

在分析过程中保持心理紧张状态

　　和其他分析性会谈一样，初次会谈开始于候诊室中。病人被称为某博士、某先生或某女士，分析师以同样的方式介绍自己。这种正式介绍中固有的悖论对病人来说并非没有消失：这种分析关系是人类关系中最正式的，同时也是最亲密的一种。这种正式是对被分析者和分析过程之尊重的体现。另外，它又是对这样一个事实的表达：分析师并不是假装，也并不渴望成为被分析者的朋友（我们不会付钱请朋友和我们说话）。这样从一开始就表明，分析关系中的亲密是一种在正式背景下的亲密。

　　治疗师在其训练初期当和病人一起从接待室走向咨询室时常常会有"让病人放松"和"表现得人性化"的冲动。例如，一位试图舒缓走向咨询室时紧张气氛的治疗师可能会说："希望你在找停车位的时候没有遇到麻烦，附近的停车情况很糟糕。"从分析过程的角度来看，这样一个评论并不是件好事。事实上，从本章所讨论的视角来看，这样一位治疗师从几个方面来讲会被认为并不友善。首先，他将自己的潜意识感受传达给病人，即病人是一位婴儿，他在这个充满敌意的世界生存有点困难。同时也传达了这样一个事实，咨询师因为没有使病人的生活减少困难而感到内疚。这样一个评价会立即使病人背上咨询师的债务，并且施加压力使他偿还这一"善意"——也即帮助咨询师避免感到不舒服。治疗师的评论中还有着这样一个暗示，即他并不自信自己给病人的治疗值得病人所承受的麻烦。

此外，这类评论还是一种偷窃行为：它掠夺了病人以自己有意识或无意识选择的方式向分析师介绍自己的机会。病人可能有无数的方式去开启分析过程。他所选择的方式也不会被其他被分析者所重复。人们不能甚至在他踏入咨询室之前就通过将分析师自己的潜意识内容压在他身上而剥夺他书写本人分析戏剧开场白的机会（之后分析师不可避免地在病人的潜意识幻想中成为一个不自知的演员时，将会有足够的时间去做那些）。

最后，我们讨论的这种评论会在分析经验的性质上对病人产生误导。作为分析师，我们不会通过诸如保证、赠送礼物等舒缓紧张的行为来有意缓解（我们自己的或病人的）焦虑。因为保持心理紧张不仅是我们对自己的要求，也是我们对病人要求的一部分，在开始分析关系时做出消除心理紧张的努力毫无意义。无论这一事件是否被重提，被分析者都会潜意识地认为分析师已经许可他自己通过处理他的反移情感受来应对他自己的焦虑。

第一次会见时，病人对分析意味着什么、作为一名分析师意味着什么以及作为一名被分析者意味着什么有很多问题和担心（常常无法言喻）。咨询师以对自由联想、对躺椅的应用、会见频率、心理治疗和精神分析的区别、"不同心理分析学派"之间的区别等进行解释的方式对这些问题做出的回答不但是徒劳的，而且总是高度限制病人以自己的方式将其呈现给分析师的机会。就如下面的小插曲

案例所示，分析师对"在分析中"意味着什么的最为雄辩的解释是
为了给作为分析师的自己做指引。

H 先生是一名 42 岁的电视制造商，在初次会见时说明，他之所
以来找我，是因为他感到强烈的焦虑以及对死亡"无法摆脱的念头"，
包括在睡眠中窒息和被困并死于一场地震。病人还被这样一种想法
困扰，即他的有轻微听力缺陷的 6 岁女儿，可能"不能出人头地了"。
他说他知道他这些担心都有些夸张，但是这一认识并不能降低他的
焦虑程度。

病人说他从孩提时就感到恐惧。H 先生的父亲是一位大学教授，
他常常对病人感到不满，坚持每天晚上"帮助他"完成家庭作业。
这难免会以父亲因为儿子"不可思议的愚蠢"而对他尖叫为结束。

H 先生告诉我，他在工作上的成功在他看来是不真实的。他感
觉就像是一直在为他不能工作的那天做准备。于是，他把挣来的每
一分钱都存起来。他还举了几个因为花钱感到有被耗干危险的例子。
然后我说，看上去他在暗示为咨询付费的想法是令人恐惧的，因为
那意味着要放弃他认为自己拥有的几个防护中的一个。H 先生笑了，
说这一点他想了很多，为咨询付费的预期在他看来就像是放血，在
此过程中，被"治愈"和因为失血而死两者在赛跑。

第二次会见时，当我在接待室见到 H 先生时，他正在流汗，等
我的时候看上去就像是一个男人在焦虑地等待着某些非常重要的消
息或一个裁决。一进入咨询室，他就迅速穿过房间，一边说"我把
钥匙锁在车里了，如果可以的话，我要打电话给我的妻子，让她在
我们会见结束后带着备用钥匙来接我"，一边走向电话。我说我认为

在他看来，肯定就像是自己的生命都要依赖于他打这个电话，但是我想在试图解决问题之前，我们应该讨论一下我们之间发生了什么。他坐下说："实际上，刚刚发生的事情在我身上比较有代表性。我开车来这里，午餐就放在车后座上。当我抵达时，我看到车库中有一个标志，上面写着'把钥匙留在车里'。我对把午餐放在一辆不上锁的车上感到不自在。我有一个想法，就是有些人可能会在我的午饭上动手脚，所以我不想给车不上锁。"

我对 H 先生说，在没有意识到的情况下，他把想做的两件事都做了：他把午餐锁在了车里以免它被人动手脚，而且像标志指示的那样将钥匙留在了车里。他告诉我，当他意识到钥匙被锁在车里后，感到十分恐慌，立即就想到我办公室给妻子打电话。他说这个念头让他感到非常放松。我重复说，他在想起妻子的那一刻也想起了我。他说，确实如此，但他之前早在看到那个标志时也想起了我，它看上去多少有点像是我放在那里的。

H 先生解释说使用我的电话的请求也是他的特征。他说他几乎一直担心人们会生他的气，而他也常常安慰自己说人们会因为他提出的小小求助而喜欢他。比如，他经常从一起工作的同事那里借零钱或铅笔，或者在自己清楚地知道路线的情况下要求指路。

他告诉我，他肯定我已经认为他是个"真正的混蛋"（我认为构成这种感受的原因不但有愿望还有恐惧，但是我没有在这个关头打断病人，因为他正处于将我引入构成他内部客体世界的角色投射的过程中）。H 先生在此节点上继续对我讲了更多关于他父母的事情。他的父亲于十年前去世，但是却好像一生都在死亡之门前徘徊。他自童年期就罹患肾病，被死亡的恐惧所占据。病人说，童年时当父亲朝他吼叫时，他很害怕父亲会死掉。H 先生告诉我，他的父亲有时候会非常和善，病人爱他，尽管他那时非常地怕他。

我问病人是否期望我会因为他把钥匙锁在车里却要求使用我的电话而朝他吼叫。他说他想他有那种感觉，是以一种弥漫的方式，但是却不是很明白为什么在我的接待室等待时会有如此害怕的感觉 [在我看来，病人给妻子打电话可能是为了让妻子过来从我手中保护他（就像他母亲从父亲那里保护他一样）并且从他那里保护我]。

在之后的分析过程中，这种移情表现（病人称之为"电话恶作剧"）的很多层面的意义逐渐浮出水面。其中之一是病人想要被当作一个无助的小男孩对待的愿望，因此可以防止将自己感受为一个曾经伤害过他的父亲又可能伤害我的具有强大破坏力的人。这种移情表现的第二个方面包括这样的愿望——激怒我，使我做出类似他父亲那样的行为，即我会因为他的愚蠢而向他吼叫。部分来讲，他害怕我会有那样的行为，并试图安慰自己我不会那样做。另一方面，他又在这种激烈的责骂中获得了性兴奋。另外，他在被惩罚的期望中感到放松，因为这是他潜意识中感到自己因为想象中对父亲犯下的罪（也就是将他激怒到某个点，使他生病，最终杀了他）而应受的。再者，他感觉父亲在其强烈的、控制性的存在中表现出了对他的爱。病人潜意识中希望因为期望中的责备而从我身上发现这种爱。在整个分析过程中，"电话恶作剧"一次次地充当着分析过程的象征。

警示故事

　　在第一次会见中，我从一开始就会倾听病人的"警示故事"——也就是，病人对他感觉分析是件危险的事的原因解释，以及感觉分析肯定会失败的原因[1]。说这个也就是说我听到了（并试图用语言表达自己和病人）隐约的移情焦虑。不管被分析者的困扰性质如何，他的焦虑形式的获得的根据都是与分析师建立关系的危险。病人持有一种（他无法表达出来的）狂热的信念，即他婴儿期和童年期的经验教给他一种特殊的方式，在其中他的每一种客体关系都将不可避免地变得痛苦、令人失望、过度刺激、彻底崩溃、孤独、不可靠、令人窒息、过度性欲化等。对他来说，没有理由相信即将进入的这种关系会有什么不同。在这种信念下，被分析者自然既正确又不正确。他的正确在于他的转化性感觉，他的内部客体世界在分析阶段将会不可避免地变成一出逼真的主体间戏剧。他的不正确则是在这个方面：分析背景并不等同于他的内部客体世界在其中得以创造的

1　埃拉·弗里曼·夏普（Ella　Freeman　Sharpe）（1943）使用"警示故事"（cautionary tales）一词指代服务于由身体毁灭的潜意识自我警示控制的本能冲动的幻想。在本章中，我使用这个词语指代一个更加局限性的和不同概念的一系列幻想：病人关于进入分析关系的危险的潜意识幻想（McKee，1969）。

原始心理—人际间背景——也就是说，婴儿期与童年期幻想和客体关系的背景。

对病人在开始几个小时里所说的（和没说的）任何话，在听的时候都要基于这样一个基础，即对分析师的关于为什么咨询师和病人都不应进入这一注定的危险关系的原因的潜意识警告。必须要强调的是，病人感觉分析不仅会威胁到他自己，也会威胁到分析师，病人在进入关系时犹豫不决主要是为了保护分析师。从这个角度来看，分析师是作为病人对开始这段关系的恐惧的容器，也是病人的一个希望的容器——改变可能会发生，内部客体的疾病可以被改变，而不必牺牲病人的生命。接下来的一个初始分析性会谈是对这样一种方式的说明：在其中，病人潜意识中试图为自己和分析师将他们所预期的危险进行象征化。

一位被分析者在初次会见时描述了下面这些内容：他与妻子和孩子之间空洞的关系、他对工作的厌倦以及他通常感到生活缺乏乐趣。他说他的内科医生推荐他来见我，认为分析可能会对他有帮助。除了J先生表现出来的荒凉感之外，我怀疑他生命中有着这样一种乐趣，即他必须向我和他自己保持秘密。我曾幻想J先生正陷于某件情事中——可能是和一个女人，可能是与音乐、意识或一些其他"狂热兴趣"，可能是童年期的浪漫记忆。这一幻想不是直觉的产物，而是对病人某些自我表现的回应。回顾一下，很容易就能看到，这一点早就通过他的话语选择、他的谈话节奏、他的步态、他的面部表情等传递给我了。他的行为就像一个有着秘密的男人。我猜测（但我并没有告诉J先生）他看上去像是潜意识中感觉分析中包含着自己必须严密隐藏起来的快乐。最终，我预期，相当长的一段时间内分析都将是枯燥无味的（不仅对他，对我也是如此）。

　　病人说他确信自己需要治疗，他知道如果他寻求帮助的话，他的妻子和孩子都会受益。虽然如此，他却仍旧因为在分析上花掉了本来可以用来买全家都喜欢的东西的钱而感到内疚。在第一个小时过去了一段时间之后，我说，病人看上去感觉将开始分析等同于一次外遇。但是，他说我这样说很奇怪，因为在那个星期早些时候，他第一次听到自己评论自己的秘书，且由于过于模棱两可而被理解为一次求欢。她选择对这个模糊提出的情事不予回应。他说他感到被这个插曲困扰，并且几年来第一次提前结束工作。

　　在这个例子中，我选择了我所理解的 J 先生的主要移情焦虑（就是说，最易理解的潜意识/前意识系列移情和阻抗意义）的一个方面进行解释。病人看上去正带进分析关系中的内部戏剧有着对热烈依恋和严密隐秘性的期望。正是在经验的这一区域（那件"情事"），我怀疑 J 先生害怕分析会变得极为痛苦，而也许不能继续下去。

　　在随后几年的分析过程中，病人已经可以明白这些感受的意义：它们与他和幼年时深爱的保姆之间的关系有关。这是一种他潜意识中感受到的爱，他必须对母亲保密。他愤怒和负罪的感受，以及他对卷入类似不可能的纠葛之中的惧怕，导致 J 先生发展出这样一种防御性的性格，即在生活的各个方面都表现得相当超然。他"只是敷衍了事"的想法在他分析的最初阶段起到了重要的防御作用。

移情解释的时机

作为我对英国精神分析对话中所产生观点的兴趣的结果，我常常被问及克莱因学派是否从分析一开始就解释移情。这个问题对我来说也一直是个谜团。试图与病人讨论这一新的且令人如此恐惧、兴奋、失望、徒劳等的关系（分析关系）是什么样的，看上去几乎一点都不让人惊奇。一般来讲，除非病人在移情中的焦虑在某种程度上被提及，否则初次会见对我来说并不完整。即使不是克莱因学派的，分析者也可以和病人讨论他当前（常常是不确定的）对初次会见中困扰被分析者的问题的理解[1]。

接下来是这样一个例子，在其中，初次会见时对关于移情焦虑的讨论有着反移情的抗拒。

一个 32 岁的男人给一位治疗师打电话要预约一次咨询。在预约时间的过程中，他告诉治疗师，他感觉自己处于与他人发生争执然

1　与此同时，分析师的每一种治疗都必须在临床诊断的指导下进行。在过往的许多例子中，分析师认识到他不用表现得过于"聪明"（Winnicott, 1968, p86.）或者无所不知是至关重要的，因此，通常分析师会选择克制自己，不去表达自己的观点，哪怕只是一些尝试性的理解（参见, Balint, 1968; Winnicott, 1971a, c）。

后以自己拳击别人为结果的危险之中。N先生说自己是一个彪形大汉，说话声音低沉有力，即使他不发怒人们也经常被他吓着。他说尽管如此，希望治疗师不要害怕他，因为他并不是一个危险的人，而且从未攻击过任何人。

当 N 先生在初次会谈中出现时，治疗师惊奇地发现病人其实是一个中等身材的人，说话方式低沉，声音也不大，看起来也不跋扈。她了解到 N 先生是一位成功的零售业老板。他的母亲患有精神病，他一岁之前都被放在一个寄养家庭中。从那时起，N 先生就没再见过他的父亲和母亲。在五年之内辗转五个收养家庭之后，他最终被一对夫妻收养，并和他们一起生活到 18 岁参军。在他的潜伏期和青春期，病人的养父母变成了酗酒者。

治疗师（近期刚刚结束其培训）并未和病人讨论他的隐含的、矛盾的警告——她最好与他毫不相干。在治疗师方面看来有着一个潜意识的信念，即与 N 先生谈论他的破坏性会使得他对她更加危险。同时她也否认自己对病人的恐惧，这使得她不能思考他的警告（其他治疗师甚至可能拒绝见这位病人，从而对病人将自己体验为对内部和外部客体威胁的经验进行移情—反移情实践。毕竟那个病人已经——从他自己潜意识心理现实的视角来看——使他的母亲变成了精神病，导致她抛弃了他；他如此不值得爱，可能还很危险，所以导致五个收养家庭拒绝收留他；还使得他的养父母酗酒）。

接下来的四次会见，病人一次比一次不安。第五次会见几日之后，N 先生致电治疗师，说他每次会见之后感觉越来越焦虑，而且已经变得无法忍受。因此他决定不再继续治疗了。治疗师建议 N 先生再去一次，以讨论这些感受。

也就在这时，治疗师因为这个案例进行了咨询。我提示她，病人从一开始就表明他很害怕自己的愤怒（尤其是在母亲的移情中）会吓到和伤害治疗师。治疗师潜意识中对病人的恐惧使得她建议每周会见一次，而不管病人间接地表示他需要并且能够负担更频繁的治疗。治疗师这种为了与病人保持安全距离而做出的潜意识决定使病人确信治疗师（不无理由地）发现他是危险的，并最终拒绝见他。在我看来，N 先生给治疗师打电话是为了看看她是否在上次咨询中受到了伤害，并且因为她要求他下次再来会见而暂时感到安心。我猜测 N 先生因为母亲发疯不能爱他和抛弃他而感到愤怒。同时，他也害怕是自己的愤怒导致母亲发疯并且抛弃他。

那次电话之后的会见，当他们从接待室走向咨询室时，N 先生一开始就问治疗师："你还好吗？"一进入咨询室，他就说他的心在怦怦跳。治疗师提示说，N 先生是在担心他在前一次会见中吓到和伤害到了她，而且从一开始这就是他担忧的地方。听到这一解释之后，病人明显平静了下来。之后，治疗师建议，既然病人对每次会见都有如此强烈的焦虑，那么可能会见频繁一些以讨论是什么让他害怕会有帮助。让治疗师惊奇的是，N 先生看上去很乐于接受这个想法。在某种意义上，分析性谈话由于六或七次会见的时间被推迟了，这很大程度上是由于反移情中的非分析性焦虑，继而导致治疗师不能考虑到或理解病人的移情焦虑。

分析空间

　　进入分析体验（始于初始性会谈）意味着构成"意识模型"（Ogden，1986）的心理空间的扩大。通过这种方式，这一空间几乎变得类似于分析空间。因此，分析空间变成了病人在其中思考、感受以及生活的空间。以一种微妙的方式，组成病人与其内部和外部客体关系经验的事件、组成他日常生活的事件以及他对这些事件的回应，只要对分析经验有用，都变得对他重要起来。最终，它不再是病人个体的心理空间，而是——在很大程度上——构成对病人的潜意识内部戏剧进行体验的空间的分析性空间。这一过程的演变包括但是并不局限于常常被称为移情神经症和移情性精神病的论述[1]。

　　是什么构成了分析空间，对每一对分析组合都是独特的。就像每一位妈妈逐渐了解到（常常感到惊奇）为每一位孩子创造游戏空间的过程都有很大区别一样，分析师必须了解为每一位被分析者创造分析空间的过程也各不相同（Goldberg，1989）。同样地，每一个婴儿独特的个性都会采用并为母亲的生命带来情感潜能的特定方

1　从这一视角来看，分析的结束阶段不仅仅是对潜意识移情意义冲突的解决，更重要的是分析空间的"收缩"阶段，这样病人逐渐将自己体验为构成了他在其中生活和分析过程继续的空间。如果这没能发生，那么分析结束的前景会被体验为等同于失去个体的意识，或失去个体生活的空间。

面，无论是在现实还是在幻想中，分析师必须允许自己被他的病人创造/塑造。既然婴儿承担着创造母亲的角色，那么就没有两个拥有同一位母亲的婴儿。同样地，没有两个病人有着同一位分析师。在每一例分析中，分析师对自己的体验都不同，行为也有着微妙的区别。而且，这完全不是静止不变的现象：在每一例分析过程中，分析师都经历心理变化，这继而就会在他主导分析的方式中反映出来。

困扰较为严重的病人可能将分析空间体验为真空，有吸尽他们心理内容（这被具体体验为身体部位或内容物）的危险。有一个这样的病人以用连珠炮般的下流语言攻击我的方式开始第一次会见。对这突如其来的攻击吃了一惊之后，我决定允许病人继续说下去，并观察他对我的影响。很明显，他的攻击更多的是焦虑而非敌意。过了大概五分钟之后，我对他说，我想对他来说这样和我待在一起是件不自在的事。我说这些的时候他渐渐安静下来。然后我告诉他我认为他已经把垃圾全部倾倒给我了，因为他不在意放弃一部分他并不看重的自己。我说，我猜他内部还有一些他感觉需要去保护的更加重要的东西。在这一干预之后，病人能够告诉我更多关于他自己的事情，尽管是以一种精神病人的方式。我继而与他讨论了我认为对他正在告诉我的那些内容的一些理解。我说的几乎所有内容都指向病人和我在一起时的恐惧。

焦虑性提问

被分析者常常在初次会见时提出一些直接的问题。我会对其中一些进行正面回答。例如，我会以一种理所当然的方式（Freud，1931，p.131）回答病人对我所受的训练或我的收费提出的疑问。但是，对于大部分问题，我是不回答的，包括关于我是否有某一专长、我与哪个"心理分析学派"相联系、在工作中是否接触的男人比女人多、我是否认为同性恋是一种疾病等诸如此类的问题。这些种类的问题会被当作病人对我因为我自己的心理困境——比如畏惧男人或女人、畏惧同性恋或异性恋、控制或屈从他人的需要等——而不能理解他们的那种特殊方式的幻想的赤裸裸的陈述。

当一个病人坚持一个接一个地提问时，我常常告诉他，等着看我们之间会发生什么肯定会让人感觉很危险。病人看来不是在等待，而是试图通过对其问题的回答来品尝将来，从而使与等待相联系的紧张短路。

被分析者经常试图利用问题让分析师去填充分析空间，因为病人感觉他自己的内部是羞耻的、危险的、无用的和 / 或需要分析师保护的，或者在他内部空无一物而无法填充咨询空间。另外一些病人可能会很快陷入沉默，由此让分析师用他的（分析师的）问题——因此用分析师的心理组织、联想链、好奇心等来填充空间。在这样的环境下，我试图和病人讨论我认为自己理解的他的焦虑。这样我表明我的理解是实验性的，而且十有八九在很多方面是不完善的。通过这种方式，我请病人告诉我，我所说的哪一部分对他来说是真实的，哪些部分看来是不合实情的。

创造一段历史

在初次会见中，关于分析师是否"获得一段历史"的问题经常出现。这个问题对我来说是有意义的。我努力不去从一个病人身上"获取"历史（利用一系列的问题），而是努力用自己的方式让他将对自己历史的有意识和无意识的看法给予我[1]。病人带着心理痛苦前来向分析师寻求帮助，他（病人）常常不能准确地为这种痛苦的性

1　记住这一点很重要：病人的历史不是一个可以逐渐发掘的静态实体，而是病人对自己的有意识和无意识概念的一方面，它处于一种不断变化和流动的状态。从某种意义上来讲，在分析过程中，病人的历史在持续不断地被创造和再创造。而且，绝不能假设病人从分析一开始就拥有一段历史（也就是说，一种历史感）。换句话说，我们不能想当然地认为病人随着时间迁移获得了自我连续感，这样他的过去感觉上就好像与他自己现在的经验相联系。

质命名。他必须拥有他所需的所有时间和空间、以他可用的任何方式、根据他对自己的了解，去告诉分析师。这一点很重要——分析师不要通过下面这些行为干涉病人的努力，即介绍自己的日程、借此收集历史数据、提出治疗建议，或者提出分析的"基本规则"（见Freud，1913；又见Shapiro，1984）。

在病人主诉的过程中，无论对他痛苦（以及他有意识和 / 或无意识期盼这种痛苦在分析过程中加剧）的介绍如何婉转，他的过往经验会通过两种方式得以表达。首先，病人告诉分析师他对自己困境的来源的理解，他会给出某种形式的历史数据——病人有意识地想象出的过去，其中不可避免地会有空白、模糊或者对病人大片生活经验的彻底遗漏。例如，一个病人可能会漏掉介绍某位家庭成员，不提及其性经验，或者对发生于当前危机之前或青春期之前的任何事情都保持沉默。在这样一种环境下，当我感受到病人告诉我的只是他想说的和能说的时，我可能会问他是否注意到他没有提到的，例如与父亲有关的内容（这是从阻抗的视角确定病人与其外部和内部客体关系的重要过程，也就是说，从病人有意识和无意识客体关系焦虑的视角）。

在提到的这些阻抗中，需要重点关注的不是阻抗"身后"的信息，而是如果病人告诉分析师其内部生活的某一方面和他保护自己不受危险的方式，他害怕发生的是什么。从这个视角来看，"获取一段历史"的行为（通过直接询问的方式）是一种无视病人阻抗的形式，也因此失去了许多对咨询师很重要的东西——例如，如果病人要谈论他对"过去"的感受的话，理解其内部客体世界中谁会被背叛、伤害、杀害、失去、嫉妒等，或者病人在放弃对其独占权时，在失去对自己与内部客体关系的控制上有怎样的体验。

病人提供的个人历史的第二种形式是以移情—反移情经验为形式的无意识传递的数据。这是病人的"逼真的过去"，是在婴儿期和童年早期建立起来的系列客体关系，它们最终构建起病人的心理结构，既是他心理生活的内容也是背景。正是因为此，这一过去是分析关注的核心所在。

当然，我们所讨论的历史的两种形式——有意识象征化的过去和潜意识中逼真的过去——二者密切交织。由于在分析中的移情—反移情中病人的内部客体世界被赋予了主体间生命，因此，病人和分析师都有机会直接体验那些依恋、敌意、嫉妒、羡慕以及构成病人内部客体世界的类似形式。在移情—反移情中，过去和现在被汇聚为在新背景——分析背景——下苏醒过来的"旧"内容。

总结评论

我在本章所讨论的观点仅仅是——观点。无意去将其运用为规则或指南，也无意将其作为对初次分析性会见该如何进行的论述。

同时，此处所讨论的思想也是一种特殊性质的思想——精神分析的思想。这代表了构成精神分析技术的辩证法之一：精神分析技术由一系列形成一个或一组方法的模糊观念以及一系列与方法组一致的原则所指引。从第一次会见开始，分析实践就发生于可预见的和不可预见的、遵守纪律的和自发而来的、有条不紊的和直觉性的两极之间。

小　结

初次面对面的分析性会见被看作分析过程的开始，而不仅仅是为过程做的准备。在初次会见中，所有病人熟悉的都不再被当作是不证自明的。被分析者承担起之前从未承担过的意义。分析师努力向病人传达分析的意义，不是通过对分析过程的解释，而是指导他自己成为分析师。为此，分析师不再通过保证、建议、移情或反移情、见诸行动等来消弭心理紧张。病人在初次会见中说的（和未说的）被理解为对分析师（及对病人）的无意识警告——关于为什么病人潜意识中感觉二者最好不要进入这段必然的、危险的关系的原因。分析师根据移情焦虑和阻抗去努力理解病人的警告。

第 8 章

错认和对不知的恐惧

　　一群英国和法国的精神分析学家，包括比昂、拉康、麦克杜格尔、塔斯廷和温尼科特的工作，使我理解了一些源于对不知的潜意识恐惧的心理困境。个体所不能知道的是他的感受，以及他是谁。病人常常为自己（其次是为他人）创造错觉，即他可以生产出感觉上像是他自己的思想和感情、愿望和恐惧。虽然这些错觉组成了对不知道个体的感受和个体是谁的恐惧的有效防御，它也进一步使个体与他自己疏离。知道的错觉是通过这样一种方式获得的：创造一个广泛的替代形式以填充"潜在空间"（Winnicott，1971d），在这个空间中，欲望和恐惧、食欲和满足、爱与恨可能会得以形成。

　　与以下几种形式——"述情障碍"（alexithymia）（Nemiah，1977）、"非经验"（non-experience）状态（Ogden，1980，1982b）以及"不满"(disaffected) 状态（McDougall, 1984）——相比，被用来防御对不知的恐惧的"错认"代表了一种与有效的体验不那么极端的疏离形式：在其中，潜在的感情和幻想被阻止在心理范围之外。它也是一种与精神分裂症的分裂相比不那么极端的心理灾难，其中有微乎其微的自体能够对通常构成体验的内部和外部刺激进行创造、塑造和组织。我关注的这些病人有能力产生一种足够完整、有充分界限的自体感，使他们能够知道他们所不知道的。也就是说，这些病人能够体验到困惑、空洞、绝望以及恐慌这些感受的开始，也能够启动对这些早期感受的防御。

　　就如我们将要讨论的，在婴儿的发展过程中，一种自体感被母婴组合纳入需求背景。当母亲能够心安理得地承受对自己欲望和恐惧的认识时，她就会不那么害怕她的婴儿造成的、即将变成感觉的紧张状态。当母亲能够对婴儿的紧张忍受一段时间后，她就有可能对某种紧张状态做出回应，将其作为婴儿活着的特征。

理论背景

在某种意义上，个人内部状态错认这一观点的发展与精神分析理论的发展同义。弗洛伊德构建其心理理论的基石之一是这样一个观点：人们知道的比他们认为自己知道的要多。心理防御的建立可以被理解为系统的错认组织（例如，我害怕的不是自己的愤怒，而是你的）。弗洛伊德（1911b）在对施雷伯（Schreber）案例的讨论中，对这一观点进行了探索：精神病通过其对外部客体的归因而产生对内部状态的错认。

回顾甚或列举对心理错认及与之相联系的防御起作用的一众因素超出了本章要讨论的范围。但是，在稍后的内容中，我将简短地讨论由法国和英国的精神分析学家提出的一组概念，它们与当前章节提出的观点有着特殊联系。

拉康（1948）认为，弗洛伊德在其后期研究中"看上去忽然不能认识到自我在感觉上忽视、盲点化、误解的一切的存在"（p.22）。
拉康将自我理解为错认的精神代理，这一观点来自他的这一思想：
自我的位置既与语言有关，又与体验的想象和象征顺序有关。想象
是重要的、未经调停的、鲜活的体验。在这一领域中，个人和其体
验之间没有空间。语言的获得为个体提供了一种方式，从而在作为
解释性主体的自体和个人的生活经验之间进行调停。既然语言和构
成语言的信号链先于我们每一个体出现，那么我们用作语言的符号
记录就与作为个体的我们毫无关系。我们并不是我们所用的符号的
创造者，我们只是它们的继承者。结果，语言歪曲了我们本身生活
体验的独特性："它（语言）对任何异化和谎言都是敏感的，不管是
否故意，都会受到对题写在群体生活中'象征性的'、传统维度的
原则之上的曲解的影响"（Lemaire，1970，p.57）。

　　在成为一个能够使用符号理解我们的体验而不是简单地被困在
自己生活的感官体验之中的个体时，我们用一种形式的监禁去交换
另一种。我们以与当下感官体验（它现在已经被我们为之命名的符
号所扭曲和歪曲）的严重疏离为代价获取人类的主观性。通过这种
方式，我们不知不觉地被卷入某种自我欺骗中，为我们自己创造出
了这种错觉，即我们用语言表达我们的体验。但是根据拉康的观点，
我们实际上错命名且疏离了我们的体验。

　　乔伊斯·麦克杜格尔是一位对法国精神分析对话做出重要贡献的
学者，曾经与那些看上去"完全没有意识到（因此使得分析师也没
有意识到）其情感反应的性质"的病人讨论过她的研究（1984，
p.388）。她将这一现象理解为一种对包括吸毒、强迫性性行为、贪

食症、"意外"伤害以及人际关系危机在内的各种成瘾行为的潜在影响的分散。这些成瘾行为被理解为对精神病层面焦虑的防御的冲动形式。当对影响—分散行为使用过度时，个体就会陷入心理领域事件的心身排斥和"心身误解"。在这样的环境下，那些本来可能会成为被象征性地呈现的情感体验被降低至生理范围，并与有意识和无意识心理表现断绝联系。

这一毁坏的概念不仅是心理意义上的，对产生心理意义的设备来说也是如此，代表了对威尔弗雷德·比昂研究的细化。比昂 (1962) 提出，在精神分裂症中（在较小的程度上是在所有人格组织中）有一种对心理过程的防御性攻击，这样意义就可以附着于体验之上。这代表了一种高级的防御，在其中，心理痛苦得以规避，不只是通过防御性的意义重排（比如投射和替代）和威胁及被威胁的内部客体的人际间疏离（投射性认同），另外还有一种对心理过程的攻击，通过它，意义本身得以被创造。其结果被称为"非经验"(Ogden，1980，1982b)，在其中，个体部分地生活在一种心理死亡的状态——也就是说，在他人格的一些领域中，即便是无意识的意义和影响的加工都会停止。

在其写作过程中，温尼科特发展出了"潜在空间"(potential space) 的概念，在其中，自体经验 (self-experience) 得以被创造和认识 (Winnicott，1971d；又见 Ogden，1985b，1986)。潜在空间是这样一个空间：在其中，客体同时被创造和被发现。也就是说，在这个空间内，客体同时既是一个主体性客体（一个被全能地创造出来的客体）又是一个被客观地理解的客体（一个被体验为处于个体全能范围之外的客体）。而到底是哪种情况的问题——客体到底是被创造还是被发现——从未出现（Winnicott，1951）。这一问题仅仅是不属于这一经验领域情感词汇的一部分。我们不会通过或产生于这一心理状态。它不是一个发展阶段，而是处于现实和贯穿个体终生的幻想之间的一个心理空间。正是在这一空间中，表演得以发生；正是在这一空间中，我们在一般意义上具有创造性；正是在这一空间中，我们将自己体验为活着并且是自己的感觉、思想、感情以及感知的创造者。当缺乏产生潜在空间的能力时，个体会依赖于对生存体验的防御性替代 [例如发展出一种虚假自我的人格组织形式（Winnicott，1960b ）]。

温尼科特（1974）所描述的"对崩溃的恐惧"代表了产生这样一种经验的失败：病人对第一次体验一件已经发生的灾难感到惊恐。构成灾难的早期环境上的失败在灾难发生时并不能被体验到，因为当时还没有一个能够体验到它的自体——也就是说，能够对事件进行心理加工，并对其进行整合。结果，病人永远都在恐惧地等待着自己的心理崩溃。

在本章中，我提出了与毁灭相疏离的现象的一个特殊方面。我所关注的是与个体对不知道自己的感受，因此不知道自己是谁的模糊意识有关的焦虑。在这一心理状态中，个体并未从身心上排除经验，或对早期经验进行心理加工失败，也没有进入一种"非经验"的状态。病人在对此进行讨论时常常试图——却没有完全成功地——利用成瘾性行为消除对不知的焦虑。在此我感兴趣的经验形式是这样的：在其中，个体完全能够产生一个生存空间，使得他能够知道他所不知道的；他从来没有将自己从恐惧中彻底释放，尽管他无意识地试图引诱自己和分析师误解他对真正的自体经验的系统错认。这种经验很普遍，有多种表现形式，反映了个体的人格组织形式（personality organization ）。

发展的视角

　　起初，婴儿与母亲之间的关系是一个模型，在其中，心理紧张保持足够长的时间使得意义得以被创造，欲望和恐惧得以产生。例如，饥饿最初只是一种生理现象（由几组大脑神经记录的某个血糖水平）。在母亲对婴儿的有意识和无意识回应——她对婴儿的怀抱、触摸、照料、摇晃，以及反映出对他的理解（她与他的有意识和无意识共鸣）的其他活动（Winnicott，1967b）——的背景下，这一生理现象会变成饥饿和欲望（食欲）。这些理解及其伴随的活动是由母亲提供的一种关键心理活动的结果：它是一种心理过程，母亲试图通过它以一种对婴儿内部状态进行"正确命名"（或描绘形状）的方式对婴儿进行回应。

　　比克(1968)、梅尔泽(1975)和塔斯廷(1981，1986)的研究为分析理论提供了将最早的经验组织纳入包括自闭形状［"感觉形状"（Tustin，1984）］和自闭客体（Tustin，1980）在内的知觉主导形式之中的方式。在"正常自闭"的发展过程中［我曾将其称为自闭—毗连态的加工（见第二章和第三章）］，在母婴关系背景下，婴儿获得了最早的界限感、拥有（作为）个体经验发生和秩序感及包含感产生的一个场所（更确切地说，是一个表面）的感觉。

　　在最早的母婴关系中，母亲在允许将自己去整体化为相对无形时，必须能够专心于婴儿的感官世界。这代表了原始移情的感官层面。母亲允许自己以一个人和一位母亲的身份，以一种与婴儿内部状态平行的方式"变成液体"（Seale，1987）。在她能够为自己创造在无形和已形成、原始和成熟、陌生和熟悉、第一次成为母亲的行为和"以前来过这里"（在她对与自己母亲之间经验一些方面的认同中）的经验之间的生产性的对立张力时，这种"去整体化"（Fordham，1977）并未被母亲体验为瓦解。通过这种方式，母亲帮助婴儿为他的经验赋予形状、界限性、节奏、边缘、坚硬、柔软等。

　　母亲和婴儿必须努力去维持这种非常不明确的、反复试错的紧张方式，通过它努力"逐渐认识"对方。母亲的理解、安抚以及其他提供给婴儿并与之互动的方式上所做的努力对母亲都必然是自恋性的伤害，因为她在了解她的宝宝需要什么的时候，以及即便她多少能够发现一些他所"想要的"，但给予这些是否在她的人格力量之内时，将常常感到不知所措。温尼科特（1974）指代婴儿的焦虑时所使用的"挣扎"一词，同样适用于母亲所体验到的不知的痛苦。

错认的结构化

　　在分析过程中，处于核心位置的早期关系不是母亲与婴儿的关系，而是内部客体母亲和内部客体婴儿的关系。这一内部客体关系由构成分析戏剧的移情—反移情现象表现出来。在分析过程中，即使病人是一位正在描述其与孩子间体验的母亲，母婴关系也从来不会被直接地观察到。相反，我们在分析中观察并部分地体验到的是内部客体关系（我们自己的和病人的，以及二者之间的互动）的一种反映。因此，当我提到母亲与婴儿之间的内部关系时，在大脑中出现的必然是病人同时既是母亲又是婴儿。这是因为一种内部客体关系由病人的两个潜意识方面之间的关系组成，在最初的关系中，一个认同自体，另一个认同客体（Ogden，1983）。不管一个内部客体在病人看来是如何地完全独立，除了来自包含在这种认同中的自体外，内部客体都不能拥有自己的生命。在下文中，我将描述一系列病理学的内部母婴关系，在其中，病人同时既是母亲又是婴儿，既是错命名者又是被错命名者，既是困惑之人又使人困惑。

（内部客体）母亲会通过使用强迫观念与行为的防御来抵御不知道的感觉，例如，通过依赖死板的（象征性的）（内部客体）婴儿喂养表。通过这种方式，母亲（在这种内部客体关系中）引入了一项客观的外部规则（钟表）来对饥饿进行错命名。这种回应下的婴儿就好像每四小时需要满足一次，就好像他在设定的喂养时间之间不会饿一样。此种错命名使婴儿产生困惑，也产生了饥饿是一项外部事件的感觉。在极端情况下，这种对不知的防御模式会变成母亲对婴儿产生他自己的思想、感情和感受的潜力的绝对认知的迫害性的独裁主义替代品。

在其与自己孩子的实际关系中实践这种内部客体关系的母亲常

常"用精神分析的方式思考"，并且对她们孩子的潜意识情感状态进行词语解释。例如，一位正在参与分析的母亲告诉她七岁的孩子，即使他宣称在阅读上已经尽力做到了最好，但实际上，他对她感到愤怒并且故意做得很差，因为他明确地知道如何让她发疯。这种"理解"可能部分上是正确的（因为在母亲—儿童关系中诸如愤怒、嫉妒、羡慕等此类的潜意识情感的普遍性），但是这种评论的主要影响是对儿童的内部状态进行错命名。这种理解的影响是：儿童会产生这样一种感受——他并不知道自己的"真实感受"，而只有他的母亲有能力知道。病人在和她孩子关系中的这种行为代表了一种内部客体关系的行为方式，这种客体关系来自她自己对使用原教旨主义的教条对病人童年时的情感状态进行错认的母亲的体验。一旦这种关系在病人的内部客体世界中建立起来，这种内部客体母亲的角色就会投射到分析师身上。结果，病人会逐渐将分析过程体验为极度危险和独裁性的，在其中，分析师毫无疑问会撕裂病人的性格结构（包括他对自己的有意识经验），并且"解释"关于病人无意识思想和情感的可耻真相。

　　分析师可能不经意间就被诱导（作为病人投射性认同中的一位无意识参与者）去扮演这样一位独裁的内部客体母亲（参见，Ogden，1982b）。在这种环境下，分析师可能会发现自己比在以往的实践中理解得更加"积极"和"深入"。他可能会认为分析陷入了困境，并对病人会领悟到些什么不抱希望。分析师可能会使这一点合理化，即他需要对病人使用更加说教的方法以向他表明什么才是"深思熟虑和有深度的思考"。又或者分析师可能会转而去寻求他的

"心理分析流派"所支持的或基于他最近读到的某种观念之上的一系列分析思想。对分析思想的依赖代表了去除分析师对不知的焦虑的一种常见方法。

巴林特（1968）提出，克莱因学派的"一致解释"（consistent interpretation）技术代表了一种出于无所不知的内部客体角色的反移情。从当前章节所探讨的观点来看，分析师对无所不知的内部客体母亲的无意识认同代表了对不知道病人当前体验到的焦虑的一种防御形式（显而易见，在一般情况下，这位分析师是克莱因学派的）。病人早期客体关系的内部版本通过这种方式在分析过程中被复制，除非在反移情和移情中进行分析，否则，这将使得病人在潜意识中更加确信，当面临他在经历什么和他是谁的困惑时，有必要利用全能的替代形式。

分析的初学者常常使用此类对全能的内部客体的认同（比如对自己分析师的理想化看法），这一认同是对初学者在面对病人时感觉自己不像个分析师的焦虑的一种防御。瑟尔斯（Searles，1987）描述了他自己作为精神科住院医师期间的经历：在与病人谈话时，他会依靠权威地为他们提供自己的分析师几小时前刚刚给予他的解释来"支撑起自己"。几十年之后，他意识到他是体验到了他自己的分析师（更确切地说是他自己的内部客体分析师）同样被自我怀疑支撑和填充。这种深层次的洞察反映了无所不知的内部客体作为掩盖对某人是谁以及客体是谁的深层次困惑的替代形式的方式。

病人也会通过诸如控制性地将咨询师在椅子中的挪动理解为他的焦虑、性兴奋等此类的方式践行无所不知的内部客体母亲的角色。

当习惯于服从这种形式的"解释"（与指责并无二致）时，分析师可能会无意识地认同处于他内部状态中持续的错命名之下的内部客体婴儿（在病人之内）。在这种环境下出现的分析师的焦虑会使他产生一种反移情行为，他通过向病人否认他（分析师）根据病人的解释感受和行动的方式，试图"在现实的测验中帮助病人"。

　　第二种对不知道如何了解内部客体婴儿的情感状态的恐惧的防御形式，是病人无意识中行为上的努力，就好像他知道内部客体婴儿的体验。通过这种方式，他为完全不知道如何使用其能力去理解和回应内部客体婴儿的感受创造出一种替代形式。对这样一系列防御的依赖会导致自我认识的刻板形式。一位正处于分析中的母亲描述，自己是通过模仿书中和电视里描绘的母亲、模仿她有孩子的朋友们、模仿分析师对待她的方式，努力去做一位母亲的。她参加每一次家长教师联谊会和童子军活动，安排游泳、网球和音乐课，辛苦地在感恩节烤南瓜派、在圣诞节烤肉馅饼，等等。另一位这类母亲的精神分裂症孩子告诉他的母亲："在我看来，你只是像一个妈妈。"这样的母亲"只是像"一位母亲，但是并没有将她们自己体验为（也没有被她们的孩子体验为）一位母亲。这类母亲的自尊很脆弱，当她们在努力模仿她们感觉与其相距甚远的一种心理状态而变得情感枯竭时，她们常常会崩溃至抑郁或者精神分裂性退缩。

　　M 博士是一位 30 岁的心理学家，在他的分析过程中产生了刚才描述过的那种内部客体关系的一种移情—反移情外化。在头两年的工作中，我经常询问咨询的价值，尽管事实上一切进行得都很顺利。在第三年，病人开始嘲讽地称我为"完美的分析师"。他描述自己如何因为偶尔有机会和我一起工作这样的好运而成为所有同事嫉妒的对象。直到最近他才开始意识到自己坚信他和我正串通在一起，努力隐藏我们意识到的我的肤浅和极度的情感冷漠。M 博士讲了他的一个梦，在梦中，他已经从大学毕业却完全目不识丁。在这个梦里，病人不能工作，因为他不会阅读，又因为害怕被老师羞辱而不能重回学校。

这个梦代表了 M 博士新出现的感受（一直是整个分析的无意识背景）：他和我只是在完成这个分析活动。最终，他将不得不假装被"治愈"，这意味着他将生活在绝对的孤独之中，没有希望真正地感受到与任何人有联系。在这个案例中，在移情—反移情中被再创造的内部客体关系包括了防御性地使用完美错觉（依赖形式而非内容），以此作为分析师和病人尴尬而含糊地努力与彼此对话的真实工作的替代品。

第三种对完全被内部客体婴儿的体验所困住的痛苦感受的防御形式，是病态的投射性认同。在这一过程中，个体通过"在幻想中"用自己的思想、感受、感知占据他人来"了解"他人，并通过这种方式使他人外在性（不可预测性）的问题短路。在这样的环境下，一位母亲（在表演与她自己的婴儿有关的内部戏剧中）会决定让她的孩子哭上几个小时直到停止，因为她"知道"婴儿会有这样专制的要求（母亲对自己感受的投射），重要的是她不能被这个"希特勒宝宝"所恐吓。在这样的环境下，母亲不仅是通过将这些情感放在真实的婴儿身上来为自己抵御她的专制的内部客体婴儿的破坏性力量（同时与她的这部分内部客体世界保持无意识的联系），另外，她还通过将现实的婴儿体验为有着长期、清晰的防御计划的以及完全了解和可预测的内部客体来缓解对不知的焦虑。

从某种意义上讲，移情一般可以被看作为将不知的客体变为已知服务。移情是我们赋予我们已经知道了不知客体的这种错觉的名字：每一个新的客体关系都被投射到个体已经熟悉的过去的客体关系形象之上。结果，没有冲突被体验为完全崭新的。移情为个体提供了曾经来过的错觉。没有这种错觉，我们在面对与一个陌生人相处的体验时会感到无法忍受的裸露和毫无准备。

错认的影响：一个临床案例

R 女士 42 岁，已经分析了将近三年的时间，每次会见都会以诸如引诱、哄骗、恳求等方式不时被打断，迫使我以建议或洞察的方式"给她一些具体的东西"。她希望在她离开我办公室时能够带走一些我在会见过程中给她的东西，然后将其应用于她在分析之外的生活中。如果我在整个会见过程中保持沉默，这次会见就会被认为是浪费时间的，因为"什么都没有发生"。R 女士对任何破坏分析规则的事都会有强烈的情感表现。如果我迟到几分钟，在分析的最初的十到十五分钟里，她要么安静地哭泣，要么就会愤怒地保持沉默。然后她会告诉我，我的迟到只能说明我一点也不在乎她。在分析R女士的反应内容和强度方面，我们做出了持续的努力。她把当前的这一系列感受归因于童年时期她的母亲（一位大学教授）在课后与学生谈话而她等待了好像几个小时的体验。然而，由于病人反复阐述等待母亲时的愤怒景象，相关资料并未变得充实。我发现自己越来越感到烦扰，并且当病人以哭泣回应我告知她休假或某次会见的时间需稍稍调整时，我意识到自己在幻想对她施以虐待性的评价。

在分析的第三年末的一次会见中，我在会见开始时迟到了三四分钟。当我在接待室见到她时，R女士表现出明显的失望。以其惯用的方式，病人躺在沙发上，双臂交叉放在胸前，沉默了大概十分钟。最后她说到，她不知道自己为什么还持续来分析，我肯定恨她，不然我不会这么无情地对待她。我问她当时是否真的感觉我的迟到反映了我恨她这一事实。她反射性地说："是的。"但是显然这个问题让她感到惊讶。几分钟以后，她说道，实际上我的迟到并没有烦扰到她，虽然她表现得好像是那样。她回顾说，她最近对我的反应在她看来有点像是演戏，虽然在我今天问她这个问题之前她并无那种感觉。我提示说，虽然表现得好像是因为我的迟到而崩溃，她其实是在向自己掩盖她不知道自己的感受的感觉。

在随后的一年里，分析中逐渐呈现出较多的真实感，有可能明确对与不知的感觉有关的焦虑的防御形式过多。病人认识到她之前努力却不能成为一名歌剧演员，因为她从训练一开始就忽视了各种基础的技巧。她可以创造出作为一名成功歌唱家的内部印象，但这并不能长久。不能"从头开始"其声音训练和忍受不知道的不安严重地影响了 R 女士的学习能力。她感觉有必要创造一种从外部看她非常高深的错觉。R 女士还意识到，对她来说准确地确定她的知觉体验——例如搞清楚她是焦虑还是身体不适、疼痛位于身体的哪个部位、某种感觉反映的是性兴奋还是便溺的需要、她是感到饥饿还是孤独等——都是极其困难的事。

　　然后，分析的核心放在了 R 女士对分析时"空间"的恐惧上。这个空间之前被她称为"表演"的或她要求我给她、让她可以从会见中带走一些东西的请求所填充。在对这些进行讨论的工作期间，R 女士在一次会见开始时说，因为她既不想过分戏剧化，也不愿突然发怒，她不知道该说什么了。在那次会见稍后的时间，病人讲了下面这个梦：她在一个牙科诊所里，牙医拔掉了她的两颗臼齿。她之前并不知道他会那么做，但又感觉好像自己同意那么做。当他把牙齿给她看时，它们看上去完好无缺——形状完好，有着闪烁的白釉，"就像在故事书中看到的一样"。她对它们没有根感到奇怪。拔牙并没有疼痛，但过后在口腔后部，仅仅是有一种奇怪的空洞感，而没有疼痛。牙龈上留下的孔洞无须缝合，自己迅速愈合了。通过联想，R 女士能够理解那两颗牙齿代表着她在分析过程中放弃的两种行为方式：过分戏剧化和突然发怒。她说道，和牙齿一样，这些方式看上去丢失了，而留下一个奇怪的空隙。而且这种丢失就像是丢失了一些看上去不太真实的东西——就像"故事书中没有根的牙齿"。这个梦代表了分析中一个阶段的开始，在这个阶段中，病人可以变得愈来愈少地依赖于作为对不知道的体验的一种防御的错认[1]。这些错认曾经填充了这样一个潜在空间：在其中未完成的欲望和恐惧都会被纳入对那些能够被感觉和命名的东西的感受之中[2]。

作为进食障碍一个方面的错认

很大一部分患有进食障碍的病人——包括神经性厌食症和贪食症病人——主诉，他们的过度饮食和拒绝饮食从来与食欲毫无关系。这些病人很少能够产生他们能够正确认识为对食物欲望的一种情感 / 心理状态。使得这些病人不能产生食欲的这种心理困难影响了他们产生几乎所有欲望的能力，包括性欲、学习的欲望、工作的欲望、与他人共处的欲望以及独处的欲望。

---

1 当然，在这个梦所表现的内容中，有着冲突的性和攻击意味。但是，在有可能分析冲突的体验内容之前，有必要去分析病人正在经历的不知的体验。

2 分析过程的特征是，每一次的洞察（认识）都会立即成为下一个阻抗（错认）。病人对不知体验的意识和理解在这一原则上也并不例外。始终如一的是，当被分析者意识到他对不知的抵抗状态时，困扰感本身就被用于防御病人意识和无意识中知道但又不愿知道的。

在我为遭受进食障碍的病人工作的过程中，将这些病人中的很多人当作遭受了对欲望认知障碍的感觉越来越强烈。对这种病人体验的一个重要方面是他对不知道自己欲望的无意识恐惧。这使得他要通过行为上表现得好像他想要的是食物一样，以去除与这种意识（awareness）相关的恐慌。病人于是会着魔似地（常常是习惯性地）进食，却永远感觉不到饱，因为他所纳入的并不是对食欲的回应。而进食则代表了当事实上个体并不知道欲求是什么时，将食物作为了类似于欲求的一种努力。在这样的一则案例中，一位青春期的女孩在濒临恐慌的极度焦虑状态下，吃掉了好几条面包和两只鸡。这导致她的胃壁膨胀，胃部由于供血不足而坏死，需要通过手术切除三分之二的胃。在之前一周里，她对母亲说，周围的一切看起来毫无色彩。而母亲却回答说，在秋天感到灰暗是正常的，每个人都如此。

这位少女在疯狂的进食中，并不是为了满足一种需要或实现某种欲望。问题在于，她不能够创造出一个能够产生需要或欲望的心理空间。因此，病人在很大程度上感到好像她已经在心理上死亡，正是这种感觉导致她进入疯狂状态。矛盾的是，病人却通过绝望地进食来努力创造饥饿的感觉。更确切地说，她进食是为了创造她能够感到饥饿的错觉，这样就有了她仍旧活着的证据。

这位病人和其母亲的早期关系以与对病人的内部状态认知的同样的恐惧为特征，这由母亲对在秋天的灰暗——忧郁——感受的普遍性的评价反映出来。病人努力赋予自己体验（在这个案例中，指的是无色彩、无生气的抑郁的体验）之上的那一点点意义在与母亲的互动中被剥夺了（参见，Bion，1962）。意义的开始，产生于一个内部心理空间中，被转化为一种普遍的因此与个人无关的事实。这不仅对那一点点创造出来的意义具有毁灭性的影响，更重要的是毁灭了病人勉强获得的内部心理空间。

认识和错认方面的心理变化

下面的内容是对一位 46 岁的计算机科学家分析的摘录，他前来治疗却不知道自己为何要治疗（同时看上去也没有意识到自己的不知）。在开始用沙发之前的面对面初次访谈中，L博士描述了让他感到焦虑的情况，比如在餐厅等待店员给安排一张桌子以及在拨打工作电话之前。病人对在这些情况下的焦虑做出的解释几乎是一字不差地从他所阅读的自我帮助类的书籍中照搬的。

在他 40 岁时，L博士已是位国际知名人士，而且因为其在计算机技术领域的创新而积聚了大量财富。尽管他的巨额财富如今都进行了谨慎投资，但他仍然感觉自己的经济状况和在领域内的自我形象都极不安全。这些恐惧驱使他日益增加自己的工作强度。仅仅在几个月的分析之后，他说他每天晚上都会在极度焦虑中醒来。他认为自己是在为工作焦虑，但又不确定，因为他不能回想起梦的内容。

在此描述引起接踵而来的心理变化的分析工作已超出了本章内容的范围。我的目的仅仅是要说明对欲望的创造和认识方面的心理变化的性质。下面是 L 博士在分析的第三年之初对一个梦的描述，说明了这种变化：

我正站在一所大房子前，可以透过窗户看到天花板上的油漆由于房顶上漏下来的水正在裂开。让我惊奇的是，拥有房子的老人出来邀请我进去聊天。他问我知不知道他是谁。我不知道，并且如实回答了他。老人对我的诚实表示感谢。他告诉我他是谁……我想不起他的名字。他告诉我他将在两周后死去，并且要把他所有的钱都给我。我说我不想要他的钱。他把我带到另一个房间里，里面摆放着优质的旧书和非常美丽的古董家具。他要把这所房子和里面所有的东西都给我。我再次说我不想。我告诉他我可以帮他修补漏水造成的破坏。老人说那些剥落的油漆也是这所房子的一部分，他不希望它被改变。我告诉他那会损坏房子。老人非常平静，解释说他生活得很幸福，而且他将在两周后死去，所以无所谓了。

L 博士说，他从梦中醒来时有着强烈的满足感，他认为这与他对外祖父的记忆有关。L 博士回忆他的外祖父在 85 岁时多么喜欢他的花园：头一天播撒花种，第二天播种生菜，后一天又播种其他花，等等。病人6岁时的一天，他对正在撒花种的外祖父说："外公，你昨天已经在那一行种过萝卜了。"病人的外祖父笑着说："孩子，你不懂，重点在于种植，而不是生长。"

关于不熟悉的老人和那所房子的梦，以及关于梦的联想，代表了之前对情感所持的错认的变化的分层。L博士说，在梦中体验作为一个用"最低限度"的语言，而不是用一直充斥他生命的"垃圾"讲话的人，具有清洁作用。"我不知道那个老人是谁，我就这么说了。在接受他的钱和所有财产方面，我感到一点点的诱惑，但是确实不想要他的钱。一般来讲，我可能会认为我想要的是他的钱。我可以看到我的行为方式使他认为那就是我所追求的[1]。事实上，我只是喜欢和他在一起。那个老人和我为彼此提供了一种别人不想要也不会有任何用处的东西。对我来说很有意义的是我们彼此介绍自己的方式。当老人说他住在那所那样的房子里，不想它改变时，我能够感到内心所有的紧张都平复了。"

在会见过程中，这个梦被理解为L博士所希望的他和我进行交谈方式的代表。在梦中，病人感到暂时从他惯常的孤独中解放出来，而这孤独则源于对他自己和他人内部状态一层又一层的错命名和错

1　花费了第一年分析的绝大部分时间，我才意识到，L博士在无意识地试图通过反复对其错贴标签、给我他和他的关系的误导性图片、遗漏重要细节、引导我相信他理解某种人际关系状态正在发生什么而其实他并不理解等诸如此类的方式引诱我进入他内部状态的错认之中。

认 [1]。防御性的内部错认使他不可能感到他理解任何他对别人的感受和别人对他的感受。这些错认使病人感到孤独并且与他依稀知道的自体（及他人）相分离。

在接下来几个月的分析过程中，L博士逐渐能够理解为什么他一开始要来找我，以及为什么他要继续分析。虽然他当时没有意识到，但是他在进入餐厅时和打工作电话之前体验到的那种焦虑部分地反映了他对与他人谈话时会感受到的痛苦的困惑和孤独的一种预感。他无意识中期待着再一次出现只有两个人在谈话的错觉。

L博士逐渐地将上面讨论的一系列感受与儿童时期持续的孤独感联系起来。他感觉自己的父母有着一套他不能理解的行为逻辑。在分析过程中，L博士逐渐能够再次体验和清晰地表达这一系列强有力，但在此之前完全没被认识的童年感情背景。在讨论其当前生活事件时，病人会一次又一次地重复这样的话语："那能讲得通吗？""那并不合理，为什么没有人看到？""这是什么玩意儿？""难道都没有常识吗？"这些感受越来越多地在移情中得到体验，例如涉及我为错过的会见制订的付款规定时。这些愤怒的感受起着重要的防御作用：对病人来说，有必要感觉在"到底是怎么回事儿"方面他比任何人都清楚。其作用是模糊病人的这一感受，即非常困惑并且和下面这些基础感觉失去连接：他的感受是什么，他想要什么，或者为

1　如果个体不能知道自己的感受，那么他同样不能理解他人的体验。这只是叙述我们所讨论的内部客体关系的另一种方式，个体同时既是内部客体母亲，又是内部客体婴儿，既是被错认者，又是错认者。结果就会产生组成内部客体关系的自体和客体都能体验到的与他人的疏离感。

什么他想要，以及最根本的是，从内心来讲，体验（和命名）那些感觉像是他自己的欲望和恐惧意味着什么。

随着分析的进行，病人越来越认为我令人不安地虚幻并且极其有韧性。L博士在会见中感到很孤独，而且说试图与我建立起关系就类似于"试图在果冻地基上盖房子"。他开始执着于不知道我是谁的那种感受。病人使我产生了（通过我后来理解的投射性认同的方式）一种极少在与病人之间产生的分离感，让我感觉好像他坐的沙发离我的椅子非常远。在这些时刻，我发现自己很难专注于L博士所说的内容。病人在与我关系中的孤独感逐渐被理解为与他和精神分裂症母亲——"她做出在那里的样子，直到你意识到她并不能思考"——之间的内部关系有关。

小　结

在本章中，我讨论了一系列无意识、病理性的内部客体关系，在其中，情感的错认起到了核心作用。这些内部客体关系永久保持着婴儿对母亲在对婴儿的内部状态的认识和回应上的困难的主观体验。内部客体关系被认为包含了自我的两个无意识方面之间的关系，一个认同自体，而另一个则认同初始客体关系中的客体。因此，在我们所讨论的内部客体关系中，病人既是母亲又是婴儿，既是被错认者又是错认者。在这种内部关系的背景下，病人体验到焦虑、疏离以及与不知道自己的感觉或自己是谁的感受有关的绝望。

替代形式被用来创造个体知道自己感受的错觉。这种替代形式的例子包括强迫、专制、似是而非（as-if）、虚假自我以及控制自己内部和外部客体的投射性认同形式。虽然这些替代形式有助于去除不知道的感觉，但它们也产生了占据会产生情感状态（被体验为个体自己的）的潜在空间的影响。

在分析过程中，内部客体关系被外部化，并且通过移情—反情的中介作用获得主体间生活。文中所提供的临床分析案例，展示了针对不知道自己内部状态的焦虑和用以驱除这些焦虑的防御的分析工作。

参考文献

Anthony, J. (1958). An experimental approach to the psycho-pathology of childhood: autism. *British Journal of Medical Psychology* 31:211-225.

Anzieu, D. (1970). Skin ego. In *Psychoanalysis in France*, pp.17-32. New York: International Universities Press, 1980.

Applegarth, A. (1985). A reconsideration of the Oedipal phase in the female. Presented at the meeting of the American Psychoanalytic Association, Denver, May.

Balint, M. (1955). Friendly expanses — horrid empty spaces. *International Journal of Psycho-Analysis* 36:225-241.

—— (1968). *The Basic Fault*. London: Tavistock.

Bibring, E. (1947). The so-called English School of psychoanalysis. *Psychoanalytic Quarterly* 16:69-93.

Bick, E. (1968). The experience of the skin in early object relations. *International Journal of Psycho-Analysis* 49: 484-486.

—— (1986). Further considerations on the function of the skin in early object relations. *British Journal of Psychotherapy* 2:292-299.

Bion, W. R. (1957). Differentiation of the psychotic from the non-psychotic personalities. In *Second Thoughts*, pp.43-64. New York: Jason Aronson, 1967.

——(1959a). *Experiences in Groups*. New York: Basic Books.

——(1959b). Attacks on linking. *International journal of Psycho-Analysis* 40: 308-315.

—— (1962). *Learning from Experience*. New York: Basic Books.

——(1963). *Elements of Psycho-Analysis*. London: Heinemann.

Bollas, C. (1979). The transformational object. *International Journal of Psycho-Analysis* 60:97-108.

Borges, J. L. (1960). Borges and I. In *Labyrinths*, pp. 246-247. New York: New Directions, 1964.

Bower, T. G. R. (1977). The object in the world of the infant. *Scientific American* 225:30-48.

Boyer, L. B. (1971). Psychoanalytic technique in the treatment of characterological and schizophrenic disorders. *International journal of Psycho-Analysis* 52:67-86.

——(1983). *The Regressed Patient*. New York: Jason Aronson.

——(1986). Personal communication.

—— (1987). Countertransference and technique in working with the regressed patient: further remarks. In *Master Clinicians on Treating the Regressed Patient*, ed. L. B. Boyer and P. L. Giovacchini. Northvale, NJ: Jason Aronson, 1989.

Boyer, L. B., and Giovacchini, P. L. (1967). *Psychoanalytic Treatment of Schizophrenic, Borderline and Characterological Disorders*. New York: Jason Aronson.

Brazelton, T. B. (1981). *On Becoming a Family: The Growth of Attachment*. New York: Delta/Seymour Lawrence.

Chasseguet-Smirgel, J. (1964). Feminine guilt and the Oedipus complex. In *Female Sexuality*, ed. J. Chasseguet-Smirgel, pp. 94-134. Ann Arbor: University of Michigan Press, 1970.

——(1984a). The archaic matrix of the Oedipus complex. In *Sexuality and Mind. The Role of the Father and the Mother in the Psyche*, pp. 74-91. New York: New York University Press, 1986.

—— (1984b). *Creativity and Perversion*. New York: W. W. Norton.

Chodorow, N. (1978). *The Reproduction of Mothering: Psychoanal ysis and the Sociology of Gender*. Berkeley: University of California Press.

Chomsky, N. (1957). *Syntactic Structures*. The Hague: Mouton.

——(1968). *Language and Mind*. New York: Harcourt, Brace and World.

Eigen, M. (1985). Toward Bion's starting point: between catastrophe and faith. *International Journal of Psycho-Analysis* 66:321-330.

Eimas, P. (1975). Speech perception in early infancy. In *Infant Perception: From Sensation to Cognition*, vol. 2, ed. L. B. Cohen and P. Salapatek, pp. 193-228. New York: Academic Press.

Eliot, T. S. (1950). Letter to Helen Gardner. In *The Art of T. S. Eliot*, ed. H. Gardner, p. 57. New York: E. P. Dutton.

Fairbairn, W. R. D. (1940). Schizoid factors in the personality. In *Psychoanalytic Studies of the Personality*, pp. 3-27. Boston: Routledge and Kegan Paul, 1952.

——(1941). A revised psychopathology of the psychoses and psychoneuroses. *In Psychoanalytic Studies of the Personality*, pp. 28-58. Boston: Routledge and Kegan Paul, 1952.

——(1943). The repression and the return of bad objects (with special reference to the "war neuroses"). In *Psychoanalytic Studies of the Personality*, pp. 59-81. Boston: Routledge and Kegan Paul, 1952.

——(1944). Endopsychic structure considered in terms of object-relationships. In *Psychoanalytic Studies of the Personality*, pp. 82-136. Boston: Routledge and Kegan Paul, 1952.

——(1946). Object-relationships and dynamic structure. In *Psychoanalytic Studies of the Personality*, pp. 137-151. Boston: Routledge and Kegan Paul, 1952.

——(1952). *Psychoanalytic Studies of the Personality*. London: Routledge and Kegan Paul.

Fenichel, O. (1945). *The Psychoanalytic Theory of Neurosis*. New York: W.

W. Norton.

Fordham, M. (1977). *Autism and the Self*. London: Heinemann.

Freud, S. (1897). Extracts from the Fliess papers, Letter 71. *Standard Edition* 1:263-266.

——(1905). Three essays on the theory of sexuality. *Standard Edition* 7:125-248.

——(1910). A special type of object choice made by men. *Standard Edition* 11 : 163-176.

——(1911a). Formulations on the two principles of mental functioning. *Standard Edition* 12:213-226.

——(1911b). Psycho-analytic notes on an autobiographical account of a case of paranoia (dementia paranoides). *Standard Edition* 12:3-82.

——(1913). On beginning the treatment. *Standard Edition* 12:121-144.

——(1916-1917). Introductory lectures on psycho-analysis XXIII: The paths to the formation of symptoms. *Standard Edition* 16:358-377.

——(1921). Group psychology and the analysis of the ego. *Standard Edition* 18:67-143.

——(1923). The ego and the id. *Standard Edition* 19:3-66.

——(1925). Some psychical consequences of the anatomical distinction between the sexes. *Standard Edition* 19:248-258.

——(1931). Female sexuality. *Standard Edition* 21:225-243.

——(1933). New introductory lectures, XXXIII: Femininity. *Standard Edition* 22:112-135.

Gaddini, E. (1969). On imitation. *International Journal of Psycho-Analysis* 50:475-484.

——(1987). Notes on the mind-body question. *International Journal of Psycho-Analysis* 68:315-330.

Gaddini, R. (1978). Transitional object origins and the psychosomatic symptom. In *Between Reality and Fantasy*, ed. S. E. Grolnick, L.

Barkin, and W. Muensterberger, pp.109-131. New York: Jason Aronson.

——(1987). Early care and the roots of internalization. *International Review of Psycho-Analysis* 14:321-334.

Gaddini, R., and Gaddini, E. (1959). Rumination in infancy. In *Dynamic Psychopathology in Childhood*, ed. L. Jessner and E. Pavenstedt, pp. 166-185. New York: Grune & Stratton.

Galenson, E., and Roiphe, H. (1974). The emergence of genital awareness during the second year of life. In *Sex Differences in Behavior*, ed. R. Friedman, R. Richart, and R. Vandeivides, pp. 223-231. New York: Wiley.

Giovacchini, P. L. (1969). The influence of interpretation upon schizophrenic patients. *International Journal of Psycho-Analysis* 50:179-186.

——(1979). *Treatment of Primitive Mental States*. New York: Jason Aronson.

Goldberg, P. (1989). Actively seeking the holding environment. *Contemporary Psychoanalysis* 25:448-476.

Green, A. (1975). The analyst, symbolization, and absence in the analytic setting. (On changes in analytic practice and analytic experience). *International Journal of Psycho-Analysis* 56:1-22.

——(1983). The dead mother. In *On Private Madness*, pp.142-173. New York: International Universities Press, 1986.

Grotstein, J. (1978). Inner Space: its dimensions and its coordinates. *International Journal of Psycho-Analysis* 59:55-61.

——(1981). *Splitting and Projective Identification*. New York: Jason Aronson.

——(1983). A proposed revision of the psychoanalytic concept of primitive mental states: II. The borderline syndrome—Section I. Disorders of autistic safety and symbiotic relatedness.

Contemporary Psychoanalysis 19:570-604.

——(1985). A proposed revision of the psychoanalytic concept of the death instinct. *Yearbook of Psychoanalysis and Psychotherapy* 1:299-326. Hillsdale, NJ: New Concept Press.

——(1987). Schizophrenia as a disorder of self-regulation and interactional regulation. Presented at the Boyer House Foundation Conference: The Regressed Patient, San Francisco, March 21.

Guntrip, H. (1961). *Personality Structure and Human Interaction*. New York: International Universities Press.

——(1969). *Schizoid Phenomena, Object-Relations and the Self*. New York: International Universities Press.

Habermas, J. (1968). *Knowledge and Human Interests*. Trans., J.Shapiro. Boston: Beacon Press, 1971.

Hegel, G. W. F. (1807). *Phenomenology of Spirit*. Trans., A. B.Miller. London: Oxford University Press, 1977.

Heimann, P. (1971). Re-evaluation of the Oedipus complex—the early stages. *International Journal of Psycho-Analysis* 33:84-92.

Horney, K. (1926). The flight from womanhood: the masculinity complex in women as viewed by men and by women. In *Feminine Psychology*, pp. 54-70. New York: W. W. Norton, 1967.

Isaacs, S. (1952). The nature and function of phantasy. In *Developments in Psycho-Analysis*, ed. M. Klein, P. Heimann, S. Isaacs, and J. Rivière, pp. 67-121. London: Hogarth Press.

Jacobson, E. (1964). *The Self and the Object World*. New York: International Universities Press.

Jones, E. (1935). Early female sexuality. *International Journal of Psycho-Analysis* 16:263-273.

Kanner, L. (1944). Early infantile autism. *Journal of Pediatrics* 25:211-217.

Kernberg, O. (1976). *Object Relations Theory and Clinical Psychoanalysis*.

New York: Jason Aronson.

Klein, M. (1928). Early stages of the Oedipus conflict. *International Journal of Psycho-Analysis* 9:167-180.

——(1935). A contribution to the psychogenesis of manicde-pressive states. In *Contributions to Psycho-Analysis, 1921-1945*, pp. 282-311. London: Hogarth Press.

——(1946). Notes on some schizoid mechanisms. In *Envy and Gratitude and Other Works, 1946-1963*, pp. 1-24. New York: Delacorte, 1975.

——(1948). On the theory of anxiety and guilt. In *Envy and Gratitude and Other Works, 1946-1963*, pp. 25-42. New York: Delacorte, 1975.

——(1952a). Mutual influences in the development of ego and id. In *Envy and Gratitude and Other Works, 1946-1963*, pp. 57-60. New York: Delacorte, 1975.

——(1952b). Some theoretical conclusions regarding the emotional life of the infant. In *Envy and Gratitude and Other Works, 1946-1963*, pp. 61-93. New York: Delacorte, 1975.

——(1955). On identification. In *Envy and Gratitude and Other Works, 1946-1963*, pp. 141-175. New York: Delacorte, 1975.

——(1957). Envy and gratitude. In *Envy and Gratitude and Other Works, 1946-1963*, pp. 176-234. New York: Delacorte, 1975.

——(1958). On the development of mental functioning. In *Envy and Gratitude and Other Works, 1946-1963*, pp. 236-246. New York: Delacorte, 1975.

——(1975). *Envy and Gratitude and Other Works, 1946-1963*. New York: Delacorte.

Klein, S. (1980). Autistic phenomena in neurotic patients. *International Journal of Psycho-Analysis* 61:395-401.

Kohut, H. (1971). *The Analysis of the Self*. New York: International Universities Press.

Kojève, A. (1934-1935). *Introduction to the Reading of Hegel.* Trans.,J. H. Nichols, Jr. Ithaca, NY: Cornell University Press, 1969.

Lacan, J. (1948). Aggressivity in psychoanalysis. In *Écrits*, pp.8-29. New York: W. W. Norton, 1977.

——(1953). The function and field of speech and language in psychoanalysis. In *Écrits*, pp. 30-113. New York: W. W. Norton, 1977.

——(1956-1957). Les formations de l'inconscient. (Seminars summarized by J.-B. Pontalis.) *Bulletin de Psychologie.*

——(1958). The signification of the phallus. In *Écrits*, pp. 281-291. New York: W. W. Norton, 1977.

Laplanche, J., and Pontalis, J.-B. (1967). *The Language of Psycho-Analysis.* Trans. D. Nicholson-Smith. New York: W. W. Norton, 1973.

Lemaire, A. (1970). *Jacques Lacan.* Trans. D. Macey. Boston: Routledge and Kegan Paul.

Leonard, M. (1966). Fathers and daughters: the significance of "fathering" in the psychosexual development of the girl. *International Journal of Psycho-Analysis* 47:325-334.

Lewin, B. (1950). *The Psychoanalysis of Elation.* New York: The Psychoanalytic Quarterly Press.

Little, M. (1958). On delusional transference (transference psychosis). *International Journal of Psycho-Analysis* 39: 134-138.

Loewald, H. (1979). The waning of the Oedipus complex. In *Papers on Psychoanalysis*, pp. 384-404. New Haven: Yale University Press.

Mahler, M. (1952). On childhood psychoses and schizophrenia: autistic and symbiotic infantile psychoses. *Psychoanalytic Study of the Child* 7:286-305.

——(1968). *On Human Symbiosis and the Vicissitudes of Individuation.* Vol. 1. New York: International Universities Press.

Mayer, E. (1985). "Everybody must be just like me": observations on female castration anxiety. *International Journal of Psycho-Analysis* 66:331-348.

McDougall, J. (1974). The psychosoma and the psychoanalytic process. *International Review of Psycho-Analysis* 1:437-459.

——(1980). The primal scene and the perverse scenario. In *A Plea for a Measure of Abnormality*, pp. 53-86. New York: International Universities Press.

——(1982). The staging of the irrepresentable: "A child is being eaten." In *Theaters of the Mind: Illusion and Truth on the Psychoanalytic Stage*, pp. 81-106. New York: Basic Books, 1985.

——(1984). The "dis-affected" patient: reflections on affect pathology. *Psychoanalytic Quarterly* 53:386-409.

——(1986). Identifications, neoneeds, and neosexualities. *International Journal of Psycho-Analysis* 67: 19-32.

——(1989). Personal communication.

McKee, B. (1969). Personal communication.

Meltzer, D. (1975). Adhesive identification. *Contemporary Psychoanalysis* 11:289-310.

——(1986). Discussion of Esther Bick's paper "Further considerations on the function of the skin in early object relations." *British Journal of Psychotherapy* 2:300-301.

Meltzer, D., Bremner, J., Hoxter, S., Weddell, D., and Wittenberg, I. (1975). *Explorations in Autism*. Perthshire, Scotland: Clunie Press.

Milner, M. (1969). *The Hands of the Living God*. London: Hogarth Press.

Nemiah, J. (1977). Alexithymia: a theoretical statement. *Psychotherapy and Psychosomatics* 28: 199-206.

Ogden, T. (1979). On projective identification. *International Journal of Psycho-Analysis* 60:357-373.

——(1980). On the nature of schizophrenic conflict. *International Journal of Psycho-Analysis* 61:513-533.

——(1982a). Treatment of the schizophrenic state of nonexperience. In *Technical Factors in the Treatment of the Severely Disturbed Patient*, ed. P. L. Giovacchini and L. B. Boyer, pp. 217-260. New York: Jason Aronson.

——(1982b). *Projective Identification and Psychotherapeutic Technique*. New York: Jason Aronson.

——(1983). The concept of internal object relations. *International Journal of Psycho-Analysis* 64: 181-198.

——(1984). Instinct, phantasy and psychological deep structure: a reinterpretation of aspects of the work of Melanie Klein. *Contemporary Psychoanalysis* 20:500-525.

——(1985a). The mother, the infant and the matrix: interpretations of aspects of the work of Donald Winnicott. *Contemporary Psychoanalysis* 21:346-371.

——(1985b). On potential space. *International Journal of Psycho-Analysis* 66: 129-141.

——(1986). *The Matrix of the Mind: Object Relations and the Psychoanalytic Dialogue*. Northvale, NJ: Jason Aronson.

Parens, H., Pollock, L., Stern, J., and Kramer, S. (1976). On the girl's entry into the Oedipus complex. *Journal of the American Psychoanalytic Association* 24 (suppl): 79-107.

Rosenfeld, D. (1984). Hypochondrias, somatic delusion and body scheme in psychoanalytic practice. *International Journal of Psycho-Analysis* 65:377-388.

Sachs, L. (1977). Two cases of Oedipal conflict beginning at eighteen months. *International Journal of Psycho-Analysis* 58:57-66.

Sander, L. (1964). Adaptive relations in early mother-child interactions. *Journal of the American Academy of Child Psychiatry* 3:231-264.

Schafer, R. (1968). *Aspects of Internalization*. New York: International

Universities Press.

——(1974). Problems in Freud's psychology of women. *Journal of the American Psychoanalytic Association* 22:459-485.

Seale, A. (1987). Personal communication.

Searles, H. (1959). Oedipal love in the countertransference. *International Journal of Psycho-Analysis* 40:180-190.

——(1960). *The Nonhuman Environment.* New York: International Universities Press.

——(1963). Transference psychosis in the psychotherapy of chronic schizophrenia. In *Collected Papers on Schizophrenia and Related Subjects*, pp. 654-716. New York: International Universities Press, 1965.

——(1966). *Collected Papers on Schizophrenia and Related Subjects.* New York: International Universities Press.

—— (1979). Jealousy involving an internal object. In *Advances in Psychotherapy of the Borderline Patient*, ed. J. Le Boit and A. Capponi, pp. 347-404. New York: Jason Aronson.

——(1982). Some aspects of separation and loss in psychoanalytic therapy with borderline patients. In *My Work with Borderline Patients*, pp. 287-326. Northvale, NJ:Jason Aronson, 1986.

——(1987). Concerning unconscious identifications. In *Master Clinicians on Treating the Regressed Patient*, ed. L. B. Boyer and P. L. Giovacchini. Northvale, NJ: Jason Aronson, 1989.

Segal, H. (1957). Notes on symbol formation. *International Journal of Psycho-Analysis* 38:391-397.

Shapiro, S. (1984). The initial assessment of the patient: a psychoanalytic approach. *International Review of Psycho-Analysis* 11:11-25.

Sharpe, E. (1943). Cautionary tales. In *Collected Papers on Psycho-Analysis*, pp. 170-180. London: Hogarth Press, 1950.

Spitz, R. (1965). *The First Year of Life*. New York: International Universities Press.

Stern, D. (1977). *The First Relationship: Infant and Mother*. Cambridge: Harvard University Press.

——(1983). The early development of schemas of self, other and "self with other." In *Reflections on Self Psychology*, ed. J. Lichtenberg and S. Kaplan, pp. 49-84. Hillsdale, NJ: Analytic Press.

——(1985). *The Interpersonal World of the Infant*. New York: Basic Books.

Stoller, R. (1973). Symbiosis anxiety and the development of masculinity. Presented at the Fourth Annual Margaret S. Mahler Symposium, Philadelphia, May.

Trevarthan, C. (1979). Communication and cooperation in early infancy: a description of primary intersubjectivity. In *Before Speech*, ed. M. Bellowa. Cambridge: Cambridge University Press.

Tustin, F. (1972). *Autism and Childhood Psychosis*. London: Hogarth Press.

——(1980). Autistic objects. *International Review of Psycho-Analysis* 7:27-40.

——(1981). *Autistic States in Children*. Boston: Routledge and Kegan Paul.

——(1984). Autistic shapes. *International Review of Psycho-Analysis* 279-290.

——(1986). *Autistic Barriers in Neurotic Patients*. New Haven: Yale University Press, 1987.

Winnicott, D. W. (1949). *The Child, the Family and the Outside World*. Baltimore: Penguin Books, 1964.

——(1951). Transitional objects and transitional phenomena. In *Playing and Reality*, pp. 1-25. New York: Basic Books, 1971.

——(1952). Psychoses and child care. In *Through Paediatrics to Psycho-*

Analysis, pp. 219-228. New York: Basic Books, 1975.

——(1954). The depressive position in normal development. In *Through Paediatrics to Psycho-Analysis*, pp. 262-277. New York: Basic Books, 1975.

——(1956). Primary maternal preoccupation. In *Through Paediatrics to Psycho-Analysis*, pp. 300-305. New York: Basic Books, 1975.

——(1958). The capacity to be alone. In *The Maturational Processes and the Facilitating Environment*, pp. 29-36. New York: International Universities Press, 1965.

——(1960a). The theory of the parent-infant relationship. In *The Maturational Processes and the Facilitating Environment*, pp. 37-55. New York: International Universities Press, 1965.

——(1960b). Ego distortion in terms of true and false self. In *The Maturational Processes and the Facilitating Environment*, pp. 140-152. New York: International Universities Press, 1965.

——(1962). Ego integration in child development. In *The Maturational Processes and the Facilitating Environment*, pp. 56-63. New York: International Universities Press, 1965.

——(1963a). The development of the capacity for concern. In *The Maturational Processes and the Facilitating Environment*, pp. 73-82. New York: International Universities Press, 1965.

——(1963b). Communicating and not communicating leading to a study of certain opposites. In *The Maturational Processes and the Facilitating Environment*, pp. 179-192. New York: International Universities Press, 1965.

——(1965). Letter to Michael Fordham, 15 July 1965. In *The Spontaneous Gesture: Selected Letters of D. W. Winnicott*, ed. F. R. Rodman, pp. 150-151. Cambridge: Harvard University Press, 1987.

——(1967a). The location of cultural experience. In *Playing and Reality*, pp. 95-103. New York: Basic Books, 1971.

——(1967b). Mirror-role of mother and family in child development. In *Playing and Reality*, pp. 111-118. New York: Basic Books, 1971.

——(1968). The use of an object and relating through identifications. In *Playing and Reality*, pp. 86-94. New York: Basic Books, 1971.

——(1971a). *Playing and Reality*. New York: Basic Books.

——(1971b). Playing: a theoretical statement. In *Playing and Reality*, pp. 38-52. New York: Basic Books.

——(1971c). Playing: creative activity and the search for the self. In *Playing and Reality*, pp. 53-64. New York: Basic Books.

——(1971d). The place where we live. In *Playing and Reality*, pp. 104-110. New York: Basic Books.

——(1974). Fear of breakdown. *International Review of Psycho-Analysis* 1: 103-107.

图书在版编目（CIP）数据

原始体验的边缘 /（美）托马斯·H.奥格登
（Thomas H. Ogden）著；卢卫斌，龚利苹译. --重庆 : 重庆
大学出版社，2021.11（2024.12重印）
（西方心理学大师译丛）
书名原文: THE PRIMITIVE EDGE OF EXPERIENCE
ISBN 978-7-5689-2987-5

Ⅰ . ①原… Ⅱ . ①托… ②卢… Ⅲ . ①精神分析—研
究 Ⅳ.①B84–065
中国版本图书馆CIP数据核字(2021)第209030号

原始体验的边缘
YUANSHI TIYAN DE BIANYUAN

〔美〕托马斯·H.奥格登（Thomas H. Ogden） 著
卢卫斌 龚莉苹 译

鹿鸣心理策划人：王 斌
策划编辑：敬 京
责任编辑：敬 京
责任校对：谢 芳
责任印制：赵 晟

重庆大学出版社出版发行
出版人：陈晓阳
社址：（401331）重庆市沙坪坝区大学城西路21号
网址：http://www.cqup.com.cn
印刷：重庆升光电力印务有限公司

开本：787mm×1092mm 1/16 印张：14.25 字数：160千
2022年1月第1版 2024年12月第3次印刷
ISBN 978-7-5689-2987-5 定价：76.00元

版贸核渝字（2016）第 210 号